专项职业能力考核培训教材

商务软件开发

人力资源社会保障部教材办公室
上海市职业技能鉴定中心　组织编写

主　编：张伟罡

副主编：郑燕琦

编　者：朱艳梅　周斌全　郭剑锋

主　审：杨根兴

中国劳动社会保障出版社

图书在版编目（CIP）数据

商务软件开发 / 人力资源社会保障部教材办公室等组织编写. -- 北京：中国劳动社会保障出版社，2020

专项职业能力考核培训教材

ISBN 978-7-5167-4514-4

Ⅰ.①商…　Ⅱ.①人…　Ⅲ.①软件开发 – 技术培训 – 教材　Ⅳ.①TP311.52

中国版本图书馆 CIP 数据核字（2020）第 095477 号

中国劳动社会保障出版社出版发行

（北京市惠新东街 1 号　邮政编码：100029）

*

北京市艺辉印刷有限公司印刷装订　新华书店经销

787 毫米 ×1092 毫米　16 开本　11.75 印张　190 千字
2020 年 9 月第 1 版　2020 年 9 月第 1 次印刷
定价：32.00 元

读者服务部电话：（010）64929211/84209101/64921644
营销中心电话：（010）64962347
出版社网址：http://www.class.com.cn

版权专有　　侵权必究

如有印装差错，请与本社联系调换：（010）81211666
我社将与版权执法机关配合，大力打击盗印、销售和使用盗版图书活动，敬请广大读者协助举报，经查实将给予举报者奖励。
举报电话：（010）64954652

前言
PREFACE

职业技能培训是全面提升劳动者就业创业能力、提高就业质量的根本举措，是适应经济高质量发展、培育经济发展新动能、推进供给侧结构性改革的内在要求，对推动大众创业万众创新、推进制造强国建设、推动经济迈上中高端水平具有重要意义。

根据《国务院办公厅关于印发职业技能提升行动方案（2019—2021年）的通知》（国办发〔2019〕24号）、《国务院关于推行终身职业技能培训制度的意见》（国发〔2018〕11号）文件精神，建立技能人才多元评价机制，完善职业资格评价、职业技能等级认定、专项职业能力考核等多元化评价方式是当前深化职业技能培训体制机制改革的重要工作之一。

专项职业能力是可就业的最小技能单元，通过考核的人员可获得专项职业能力证书。为配合专项职业能力考核工作，人力资源社会保障部教材办公室、上海市职业技能鉴定中心联合组织有关方面的专家、技术人员共同编写了专项职业能力考核培训教材。

专项职业能力考核培训教材严格按照专项职业能力考核规范及考核细目进行编写，教材内容充分反映了专项职业能力所需要的核心知识与技能，较好地体现了适用性、先进性与前瞻性。聘请相关行业的专家参与教材的编审工作，保证了教材内容的科学性及与考核细目、题库的紧密衔接。

专项职业能力考核培训教材突出了适应职业技能培训的特色，不但有助于读者通过考核，而且有助于读者真正掌握专项职业能力的核心技术与操作技能。

本教材在编写过程中得到上海市经济管理学校、上海市软件行业协会等单位的大力支持与协助，在此一并表示衷心感谢。

教材编写是一项探索性工作，由于时间紧迫，不足之处在所难免，欢迎各使用单位及个人对教材提出宝贵意见和建议，以便教材修订时补充更正。

人力资源社会保障部教材办公室

上海市职业技能鉴定中心

目 录
CONTENTS

项目一　商务软件功能分析与设计

  任务1　绘制 E-R 图　　　　　　　　　　1

  任务2　绘制流程图　　　　　　　　　　10

  任务3　绘制用例图　　　　　　　　　　19

  任务4　绘制类图　　　　　　　　　　　24

  练习与检测　　　　　　　　　　　　　32

项目二　数据库工具连接与脚本导入

  任务1　安装与配置开发环境　　　　　　33

  任务2　连接数据库　　　　　　　　　　55

  任务3　导入数据库　　　　　　　　　　56

  练习与检测　　　　　　　　　　　　　60

项目三　数据库工具类编写

  任务1　编写数据库连接代码　　　　　　61

  任务2　编写数据库常用工具类　　　　　84

  练习与检测　　　　　　　　　　　　　89

项目四　数据库接口设计与实现

  任务1　设计用户信息封装接口　　　　　90

  任务2　编写用户表 SQL 语句封装接口　　92

  任务3　实现数据库接口的调用　　　　　99

| 练习与检测 | 106 |

项目五　登录功能和欢迎面板功能导入

任务 1　导入登录功能模板	107
任务 2　导入欢迎面板功能模板	114
练习与检测	118

项目六　用户功能页面控件的显示

任务 1　导入查询页面模板以实现控件的显示	119
任务 2　导入新建页面模板以实现控件的显示	125
任务 3　导入修改页面模板以实现控件的显示	130
任务 4　导入密码重置页面模板以实现控件的显示	135
练习与检测	138

项目七　用户功能完整实现

任务 1　实现查询页面的用户功能	139
任务 2　实现新建页面的用户功能	148
任务 3　实现修改页面的用户功能	152
任务 4　实现密码重置页面的用户功能	158
练习与检测	160

项目八　用户功能测试

任务 1　测试查询功能	161
任务 2　测试新建功能	165
任务 3　测试修改功能	169
任务 4　测试密码重置功能	171
任务 5　测试删除功能	174
练习与检测	179

项目一　商务软件功能分析与设计

学习目标

◆ 能够绘制 E-R 图、流程图、用例图、类图

任务 1　绘制 E-R 图

学习导入

某智能科技公司准备开发一套电子采购系统（以下简称"系统"），目前已经完成系统的需求分析工作，正准备对底层数据库进行设计，请根据以下要求设计数据库 E-R 图。

任务分析

系统包括四类基础信息，即用户信息、角色信息、上下班打卡信息和公告信息。

1. 用户信息

用户信息是指系统中所有使用者的信息，包括用户 ID（身份识别码）、姓名、性别、出生日期、手机号码、身份证号码、角色 ID、登录名、登录密码、当前状态等，其中当前状态是指描述用户在职或离职状态的信息。

2. 角色信息

角色信息用来描述用户的权限。角色信息包括角色 ID 和角色名称。用户信息通过角色 ID 与角色信息关联，一个用户只能有一个角色 ID。

3. 上下班打卡信息

系统通过上下班打卡功能对员工进行出勤率考核，上下班打卡信息包括打卡 ID、用户 ID、打卡类型、迟到早退标识、打卡时间。一个员工一天只能上下班打卡各一次。

4. 公告信息

用户登录系统后，可以看到 5 条最新的公告信息，公告信息包括公告 ID、公告标题、公告内容和发布日期。

四类基础信息之间的关联关系如下：用户拥有角色、用户上下班打卡、用户查看公告。

知识准备

1. E-R 图的概念

E-R 图又称实体 – 联系图（entity-relationship diagram），是用实体、属性和联系三种基本成分来表示现实世界中实体及其联系的一种信息结构图。它是描述现实世界的概念模型，是表示概念关系的一种方式。

构成 E-R 图的三个基本要素是实体、属性和联系。

（1）**实体**。一般认为，客观上可以相互区分的事物就是实体。实体可以是具体的人和物，也可以是抽象的概念与联系，关键在于一个实体能否与另一个实体相互区别。属性相同的实体具有相同的特征和性质。一般用实体名及其属性名集合来抽象和刻画同类实体。在 E-R 图中，用矩形框表示实体，在矩形框内写明实体名，如学生张某、学生李某。如果是弱实体，则在矩形框外面再套实线矩形框。

（2）**属性**。属性是指实体所具有的某一特性，一个实体可由若干个属性来刻画。属性不能脱离实体，属性是相对实体而言的。在 E-R 图中，用椭圆形框表示属性，并用无向边将其与相应的实体连接起来，如学生的姓名、学号、性别等都是属性。如果是多值属性，则在椭圆形框外面再套实线椭圆形框；如果是派生属性，则用虚线椭圆形框表示。

（3）**联系**。联系又称关系，在信息世界中反映实体内部或实体之间的关联。实体内部的联系通常是指组成实体的各属性之间的联系；实体之间的联系通常是指不同实体之间的联系。在E-R图中，用菱形框表示联系，在菱形框内写明联系名，并用无向边将其与有关实体连接起来，同时在无向边旁标上联系的类型，即一对一、一对多、多对多。例如，老师给学生授课存在授课关系，学生选课存在选课关系。如果是弱实体的联系，则在菱形框外面再套菱形框。

2. 利用绘图工具绘制 E-R 图

Microsoft Visio 是 Windows 操作系统下运行的流程图和矢量绘图软件，它是 Microsoft Office 软件的一个部分。商务软件开发的考试环境采用的是 Visio 2016 版本。

操作技能

步骤1：打开绘图工具

用鼠标左键双击（以下简称"双击"）桌面图标，打开 Visio 绘图工具，如图 1-1 所示。

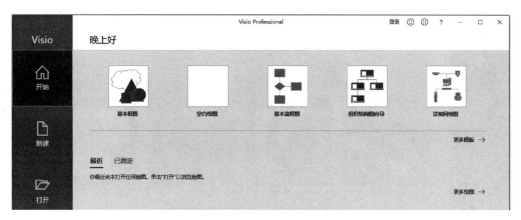

图 1-1　打开绘图工具

步骤2：切换到 E-R 图绘制模式

（1）用鼠标左键单击（以下简称"单击"）左侧的"新建"图标，并选中"类别"选项卡，如图 1-2 所示。

（2）选择"软件和数据库"图标，如图 1-3 所示。

（3）单击"Chen's 数据库表示法"，并单击"创建"图标，如图 1-4 所示，打开 E-R 图绘制板。

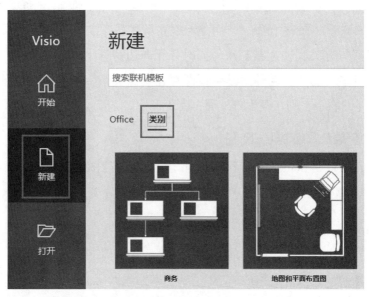

图 1-2 "类别"选项卡

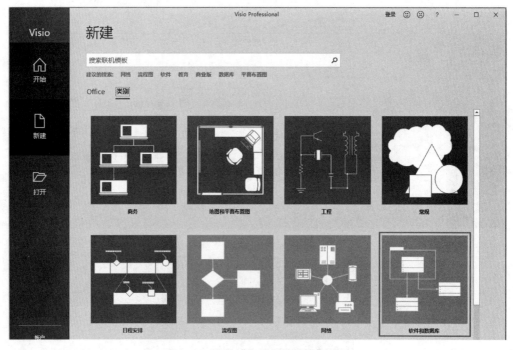

图 1-3 选择"软件和数据库"图标

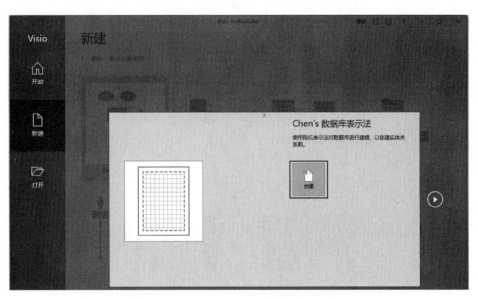

图 1-4　选定 E-R 图绘制模板

步骤 3：根据系统功能模块绘制 E-R 图

（1）用鼠标左键按住实体图标（见图 1-5）并拖拽到绘图区。

图 1-5　实体图标

（2）双击图标蓝色区域，并输入文字"用户信息"，如图1-6所示。

图1-6 "用户信息"实体

（3）以相同的方法生成"角色信息""上下班打卡信息""公告信息"实体，如图1-7所示。

图1-7 四个功能模块实体

（4）然后按住鼠标左键将属性图标 ![属性] 拖拽到"用户信息"的周围，并双击图标，输入文字"用户ID"，如图1-8所示。

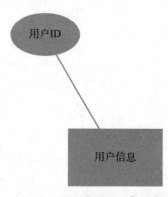

图1-8 添加"用户ID"属性

（5）用相同的方法生成"用户信息"实体的其他属性，如图1-9所示。

（6）用相同的方法为"角色信息""上下班打卡信息""公告信息"实体添加属性，如图1-10所示。

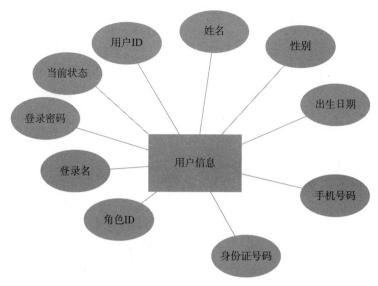

图 1-9 为"用户信息"添加其他属性

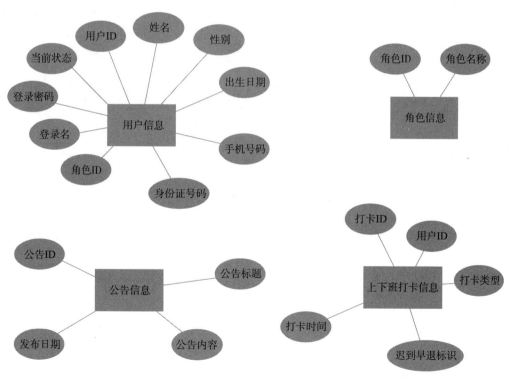

图 1-10 属性与实体关系整体结构图

（7）拖拽三个关系图标 ◆关系：一个放在"用户信息"和"角色信息"实体图标的中间，并将关系图标的名称改为"拥有"；一个放在"用户信息"和"上下班打卡信息"实体图标的中间，并将关系图标的名称改为"打卡"；一个放在"用户信息"和"公告信息"实体图标的中间，并将关系图标的名称改为"查看"，如图1-11所示。

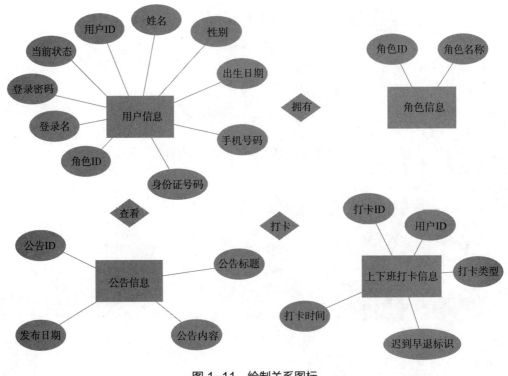

图1-11　绘制关系图标

（8）拖拽关系连接线图标 关系连接线，将实体图标与关系图标连接起来，如图1-12所示。

（9）根据对应关系，在关系连接线上标注"用户信息"与"角色信息"的1对1关系，标注"用户信息"与"上下班打卡信息"的1对2关系，标注"用户信息"与"公告信息"的1对5关系，如图1-13所示。

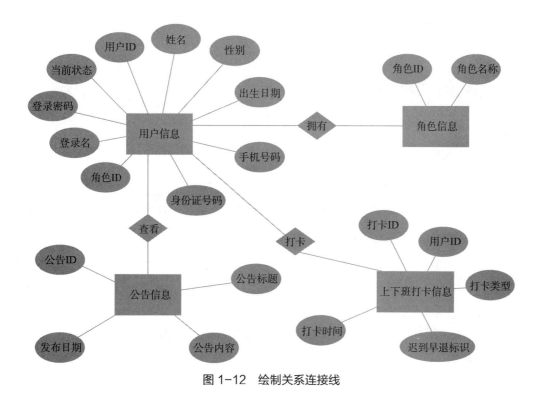

图 1-12 绘制关系连接线

图 1-13 标注关系连接线

任务2 绘制流程图

学习导入

某智能科技公司准备开发的电子采购系统目前进入设计用户登录流程的阶段，请根据以下要求设计流程图。

任务分析

登录时，用户名或密码不正确将无法登录。当用户名和密码都正确时，还要确定不是离职状态，否则无法成功登录。根据流程描述，可以采用 Visio 或其他工具软件完成考勤系统登录流程的设计。在流程图中，"用户登录"和"成功登录"为流程节点，"用户名或密码不正确"和"状态不是离职"为流程判断条件。

知识准备

1. 流程图的概念

流程图又称程序框图，是指用统一规定的标准符号描述程序运行具体步骤的图形。在设计流程图时，要对输入、输出数据和处理过程进行详细分析，将主要运行步骤和内容标出来。流程图是进行程序设计的最基本依据，因此它的质量直接关系到程序设计的质量。

2. 流程图的作用和特点

流程图着重说明程序的逻辑性与处理顺序，具体描述了计算机运算的逻辑及步骤。当程序中有较多循环语句和转移语句时，程序的结构将比较复杂，给程序设计与阅读造成困难。流程图用图的形式画出程序流向，是算法的一种图形化表示方法，具有直观、清晰、易理解的特点。

3. 流程图的构成

流程图由处理框、判断框、起止框、连接点、流程线、注释框等元素结合相应的算法构成。处理框具有处理功能；判断框（菱形框）具有条件判断功能，有一个入口，两个出口；起止框表示程序的开始和结束；连接点可将流程线连接起来；流程线表示流程的路径和方向；注释框是为了对流程图中某些框的操作做必要的补充说明。

4. 流程图的结构

（1）顺序结构。顺序结构是简单的线性结构，各框按顺序执行。其流程图的基本形态如图1-14所示，语句的执行顺序为 A→B→C。

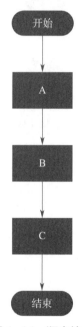

图1-14　顺序结构

（2）选择（分支）结构。这种结构是对某个给定条件进行判断，条件为真或假时分别执行不同框的内容。其结构包含真值条件分支和假值条件分支。其流程图的基本形态如图1-15所示。

（3）循环结构。循环结构分为while型循环和do-while型循环。

1）while型循环。其语句执行顺序为：当条件为真时，反复执行A；一旦条件为假，结束循环，执行循环之后的语句。其流程图的基本形态如图1-16所示。

2）do-while 型循环。其语句执行顺序为：首先执行 A，再判断条件，条件为真时，循环执行 A；一旦条件为假，结束循环，执行循环之后的语句。其流程图的基本形态如图 1-17 所示。

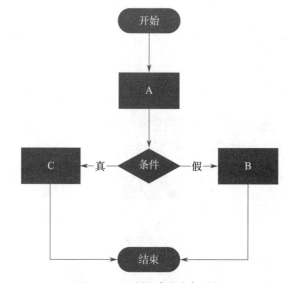

图 1-15 选择（分支）结构

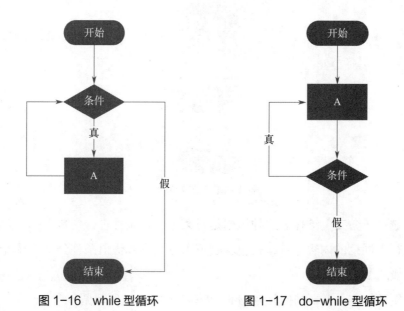

图 1-16 while 型循环　　　　图 1-17 do-while 型循环

项目一　商务软件功能分析与设计

操作技能

步骤1：打开绘图工具

操作步骤与任务1的步骤1相同。

步骤2：切换到流程图绘制模式

（1）单击左侧的"新建"图标，选择"空白绘图"图标，如图1-18所示。

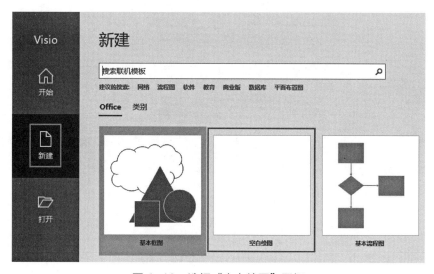

图1-18　选择"空白绘图"图标

（2）单击"创建"图标，如图1-19所示，打开流程图绘制板。

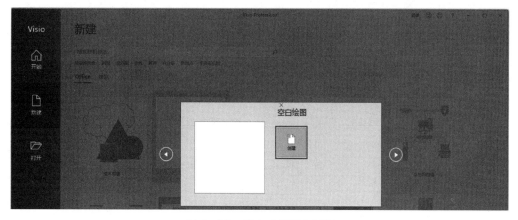

图1-19　单击"创建"图标

（3）单击"更多形状"，在弹出的菜单中选择"流程图"并单击"基本流程图形状"，以添加更多形状，如图1-20所示。基本流程图形状如图1-21所示。

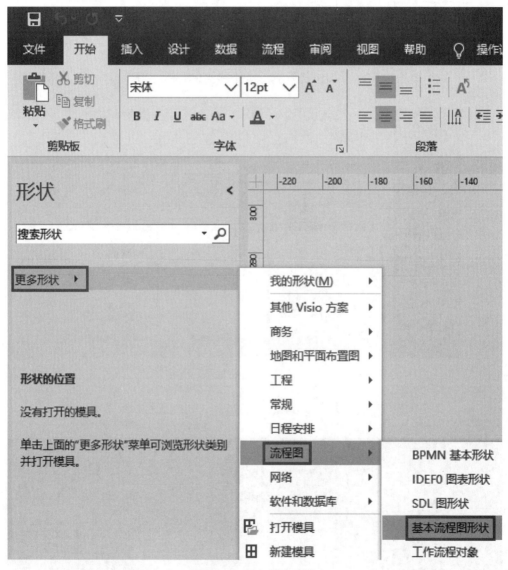

图1-20 添加更多形状

项目一 商务软件功能分析与设计

图 1-21 基本流程图形状

步骤 3：根据系统的登录功能模块绘制流程图

（1）从基本流程图形状中拖拽两个节点图标 ▢开始/结束 到绘图区，将上面的节点图标名称改为"开始"，将下面的节点图标名称改为"结束"，如图 1-22 所示。

开始

结束

图 1-22 绘制"开始"和"结束"图标

（2）从基本流程图形状中拖拽两个节点图标 ▢流程 到绘图区。一个放在"开始"节点的下方，并将流程节点图标名称修改为"用户登录"；一个放在"结束"节点的上方,并将流程节点图标名称修改为"成功登录",如图 1-23 所示。

(3)从基本流程图形状中拖拽两个节点图标 ◇判定 到绘图区。一个放在"用户登录"节点的下方,并将判定节点图标名称修改为"用户名或密码不正确";一个放在"成功登录"节点的上方,并将判定节点图标名称修改为"状态不是离职",如图 1-24 所示。

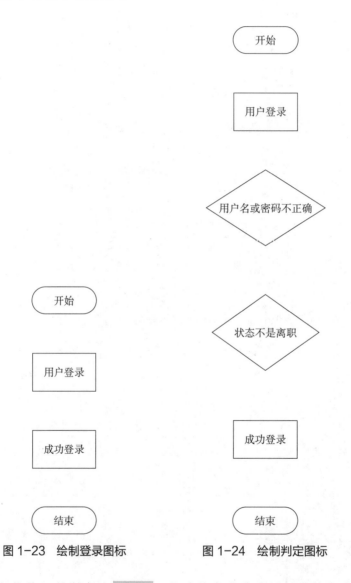

图 1-23　绘制登录图标　　　图 1-24　绘制判定图标

(4)拖拽工具条中的 连接线,依次将各个节点图标连接起来,如图 1-25 所示。

（5）双击判定节点的连接线，并根据判定条件设置"是"和"否"的逻辑条件，如图1-26所示。

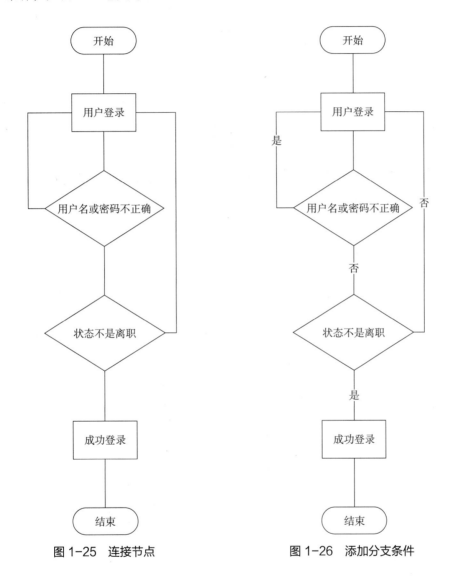

图1-25　连接节点　　　　　　　　图1-26　添加分支条件

（6）为了使整个流程图的方向更清晰，可以右键单击连接线，在弹出的菜单中选择"设置形状格式（S）"，如图1-27所示。

（7）在"设置形状格式（S）"中展开"线条"，并打开"结尾箭头类型（E）"，选择"空心90箭头"，如图1-28所示。注意，一次设置一条连接线。设置后完整的流程图如图1-29所示。

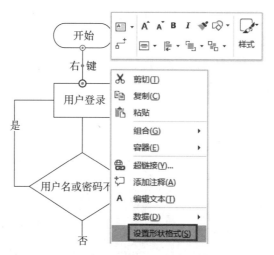

图 1-27 设置连接线的形状格式

图 1-28 设置连接线的结尾箭头类型

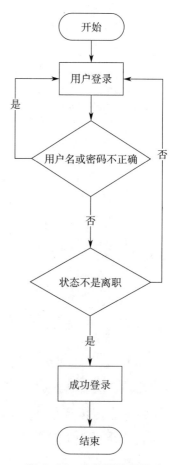

图 1-29 完整的流程图

项目一　商务软件功能分析与设计

任务3　绘制用例图

学习导入

某智能科技公司准备开发的电子采购系统目前正处于分析设计阶段，开发者要根据用户要求设计系统角色用例图。

任务分析

系统中有多个角色，基于权限可以将其划分为两类：其他用户角色和管理员角色。

其他用户角色在人事系统中可有登录、本人信息修改、本人密码修改、公告查看和上下班打卡的权限。

管理员角色作为特殊用户，除了拥有以上权限外，还拥有用户信息维护、公告信息维护和上下班打卡信息维护的权限。

知识准备

用例图描述的是参与者所理解的系统功能，主要元素是用例和参与者，以一种可视化的方式帮助开发团队理解系统的功能需求。用例图有四个组成部分：参与者（actor）、用例（use case）、系统边界和关系。

1. 参与者

参与者是指与系统交互的人或物。参与者包括开发系统的用户，也包括与开发系统有关联的其他系统。在UML（unified modeling language，统一建模语言）图例中用一个小人表示参与者。

2. 用例

用例是参与者可以感受到的系统服务或功能单元。任何用例都不能在缺少参与者的情况下独立存在；同样，任何参与者也必须要有与之关联的用例。在UML图例中用一个椭圆表示用例。

3. 系统边界

系统边界是指系统与系统之间的界限。一般把系统边界以外的同系统相关联的其他部分称为系统环境。在UML图例中用一个矩形表示系统边界。

4. 关系

用例图中的关系有关联、包含、泛化、扩展四种。

（1）关联。关联表示参与者和用例之间的交互关系。关联是通信途径，任何一方都可发送或接收消息，而箭头指向消息接收方。在UML图例中用直线表示关联。

（2）包含。包含关系用来把一个较复杂的用例所表示的功能分解成较小的步骤。包含用例是必需的，如果缺少包含用例，基本用例就是不完整的。包含关系最典型的应用就是复用。这种情况类似于在过程设计语言中，将程序的某一段算法封装成一个子过程，然后再从主程序中调用这一子过程。

（3）泛化。当多个用例共同拥有一种类似的结构和行为时，可以将它们的共性抽象成为父用例，其他用例作为泛化关系的子用例。在用例的泛化关系中，子用例是父用例的一种特殊形式，它继承了父用例的所有结构、行为、关系。在泛化关系中，三角箭头指向父用例。

（4）扩展。如果一个用例明显地混合了两种或者两种以上的不同场景，即根据情况可能发生多种分支，则可以将这个用例分为一个基本用例和一个或多个扩展用例。扩展用例为基本用例添加新的行为。扩展用例可以访问基本用例的属性，因此它能根据基本用例中扩展点的当前状态来决定是否执行自己。而扩展用例对基本用例不可见。例如，在机房收费系统中，"学生信息"是基本用例，在进行学生信息维护时，如果发现信息有误或者待更新，则需要使用"修改学生信息"扩展用例完成更新。

操作技能

步骤1：打开绘图工具

操作步骤与任务1的步骤1相同。

步骤2：切换到用例图绘制模式

（1）单击左侧的"新建"图标并选中"空白绘图"图标创建新的用例图绘

制板。

（2）单击"更多形状"，在弹出的菜单中依次选择"软件和数据库""软件"，并单击"UML用例"，如图1-30所示。

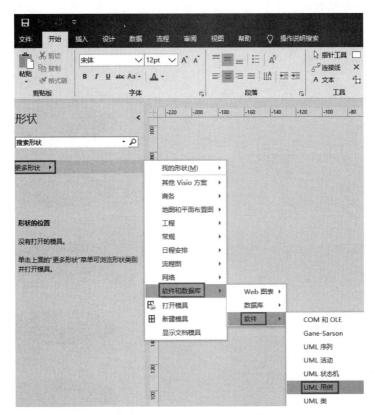

图1-30 单击"UML用例"

步骤3：根据系统的用户与角色功能模块的关系绘制用例图

UML用例工具箱如图1-31所示，其中"归纳"体现前述的泛化关系。

图1-31 UML用例工具箱

（1）从 UML 用例工具箱拖拽子系统图标 ☐子系统 到绘图区，并将子系统名称改为"电子采购系统"，如图 1-32 所示。

（2）拖拽 8 个用例图标 ⬬用例 放置在子系统框中，并从上到下依次更名为"登录""本人信息修改""本人密码修改""公告查看""上下班打卡""用户信息维护""公告信息维护""上下班打卡信息维护"，如图 1-33 所示。

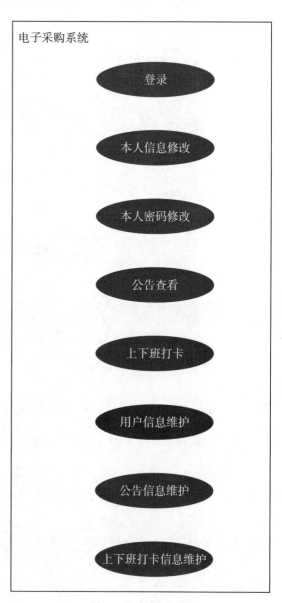

图 1-32　绘制子系统　　　　图 1-33　绘制用例

(3)拖拽两个参与者图标 ![参与者] 分别放置在子系统框的左右两侧,从左到右依次更名为"管理员""其他用户",如图 1-34 所示。

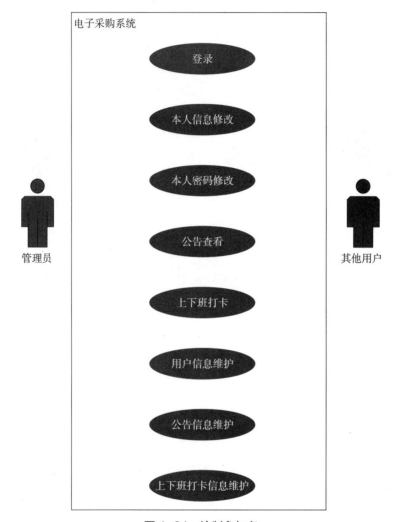

图 1-34　绘制参与者

(4)根据管理员和其他用户的用例关系,拖拽关联图标 ![关联],使其连接中间的各用例图标,如图 1-35 所示。

商务软件开发

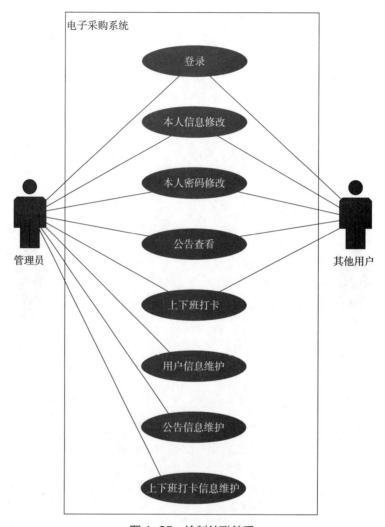

图 1-35　绘制关联关系

任务 4　绘制类图

学习导入

某智能科技公司准备开发一套内部的政务系统，该系统的需求分析已经到了收尾阶段，正准备开始编写代码，请根据以下要求完成用户表类图设计。

任务分析

系统通过 UsersJDO 类驱动数据库连接 UsersBean 类完成用户信息的调用，其中 UsersJDO 类结构如下：

```java
public class UsersJDO {
    public UsersJDO(){}
    /**
     * 返回查询的 Users 单条记录 bean
     * @param key= 主键 * @return UsersBean
     */
    public UsersBean findByKey(String key){}
    /**
     * 得到全部记录
     * @return List
     */
    public List<UsersBean> findByAll(){}
    /**
     * 删除记录
     * @param key= 主键
     */
    public void delete(String key){}
    /**
     * 更新记录
     * @param usersBean
     */
    public String update(UsersBean usersBean){}
    /**
     * 新建记录
```

```
    * @param usersBean * @return 插入记录的主键
    */
    public String insert(UsersBean usersBean){}
}
```

UsersBean 类结构如下：

```
public class UsersBean{
    public UsersBean(){}
    // 页面显示数据行序列
    private Integer rownum=null;
    public Integer getRownum(){}
    public void setRownum(Integer rownum){}
    // 用户主键
    private String users_id="";
    public String getUsers_id(){}
    public void setUsers_id(String users_id){}
    // 姓名
    private String name="";
    public String getName(){}
    public void setName(String name){}
    // 性别
    private String gender="";
    public String getGender(){}
    public void setGender(String gender){}
    // 出生日期
    private Date birthday=null;
    public Date getBirthday(){}
    public void setBirthday(Date birthday){}
}
```

知识准备

在 UML 的静态机制中，类图是一个重点，它不但是设计人员关心的核心，更是实现人员关注的核心。建模工具也主要根据类图来产生代码。类图在 UML 的 9 个图中占据了相当重要的地位。James Rumbaugh（詹姆斯·兰宝）对类的定义是：类是具有相似结构、行为和关系的一组对象的描述符。类是面向对象系统中最重要的构造块。类图显示了一组类、接口、协作以及它们之间的关系。UML 中的问题域最终要被逐步转化，通过类来建模，通过编程语言构建这些类从而实现系统。类加上它们之间的关系就构成了类图。类图中还可以包括接口、包等元素，也可以包括对象、链等实例。接口在类图中通过版型来表示 <<interface>>。

1. 类之间的关系

类之间的关系是类图中比较复杂的内容，有关联、聚合、组合、泛化、依赖。

（1）关联。关联是模型元素之间的一种语义联系，是类之间的一种很弱的联系。关联可以有方向，可以是单向关联，也可以是双向关联。可以使用关联名来描述关联的作用。关联两端的类可以以某种角色参与关联。这种角色可以具有多重性，表示有多个对象参与关联。可以通过关联类进一步描述关联的属性、操作以及其他信息。关联类通过一条虚线与关联连接。可以给关联加上一些约束，以加强关联的含义。

（2）聚合与组合。聚合是一种特殊的关联，聚合表示整体与部分的关系。通常在定义一个整体类后，再去分析这个整体类的组成结构，从而找出一些组成类，该整体类和组成类之间就形成了聚合关系。例如，舰队是由一系列的舰船组成。需求描述中"包含""组成""分为……部分"等词常意味着聚合关系。

组合也是一种特殊的关联，也表示类之间整体与部分的关系，但是组合关系中部分与整体具有统一的生存期。一旦整体对象不存在，部分对象也将不存在。整体对象与部分对象之间具有共生死的关系。

聚合和组合的区别有以下三点。第一，聚合是 "has-a" 关系，而组合是 "contains-a" 关系。第二，聚合中整体与部分的关系较弱，而组合中整体与部分的关系较强。第三，聚合中代表部分事物的对象与聚合对象的生存期无关，即虽然删除了聚合对象，却不一定就删除了代表部分事物的对象；而组合中一旦删除了组合对象，同时也就删除了代表部分事物的对象。

（3）泛化。泛化定义了一般元素和特殊元素之间的分类关系，类之间的这种泛化关系也就是继承关系。泛化关系是"a-kind-of"关系。

（4）依赖。有两个元素 X 和 Y，如果修改 X 的定义可能会导致 Y 定义的修改，则认为 Y 依赖 X。依赖关系可能由多种原因引起，如一个类向另一个类发送消息，或者一个类是另一个类的数据成员类型，或者一个类是另一个类操作的参数类型等。有时依赖关系和关联关系比较难区分。如果类 A 和类 B 有关联关系，则它们之间必然有依赖关系。当两个类之间有关联关系时，不用再表示出这两个类之间的依赖关系。

2. 类图的抽象层次

软件开发不同阶段使用的类图具有不同的抽象层次，即概念层、说明层和实现层。使用 UML 进行应用建模也应该是一个迭代的过程，所以应该建立一个类图的层次概念。

（1）概念层。概念层类图描述应用领域中的概念，这些概念与实现它们的类有联系，但通常没有直接的映射关系。画概念层类图时很少考虑或不考虑实现问题，因此概念层类图应独立于具体的编程语言。

（2）说明层。说明层类图考察的是类的接口部分，而不是实现部分。这个接口可能因为实现环境、运行特性等有多种不同的实现方式。很多时候，说明层的类更有助于开发人员理解软件。

（3）实现层。实现层类图才真正考虑类的实现问题，提供实现的细节。此时类的概念才应该是真正的严格意义上的类。它揭示了软件实体的构成情况。实现层的类是最常用的。

UML 的最终目标是识别出所有必需的类，并分析这些类之间的关系。类的识别贯穿于整个建模过程（分析阶段、设计阶段、代码实现阶段）。在分析阶段，主要识别问题域相关的类；在设计阶段，需要加入一些反映设计思想、方法的类，以及实现问题域所需要的类；在代码实现阶段，可能需要加入一些其他的类。

操作技能

步骤1：打开绘图工具

操作步骤与任务1的步骤1相同。

步骤2：切换到类图绘制模式

（1）单击左侧的"新建"图标并选中"空白绘图"图标创建新的类图绘制板。

（2）单击"更多形状"，在弹出的菜单中依次选择"软件和数据库""软件"，并单击"UML类"，如图1-36所示。

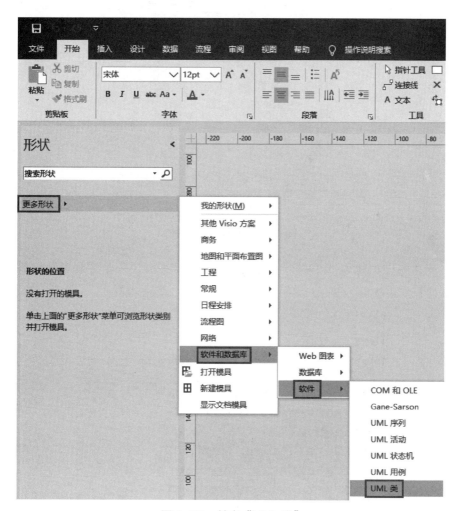

图1-36 单击"UML类"

步骤 3：根据系统的用户功能模块绘制类图

在了解系统用户表类的结构后,开始绘制系统的用户类图,UML 类工具箱如图 1-37 所示。

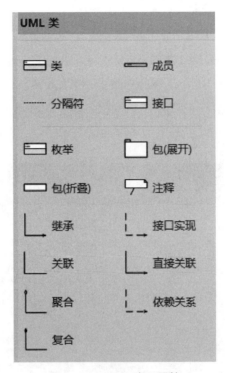

图 1-37　UML 类工具箱

(1) 从 UML 类工具箱中拖拽 图标到绘图区,并将类图标中的类名、属性和方法按图 1-38 所示修改,完成 UsersJDO 类结构图。

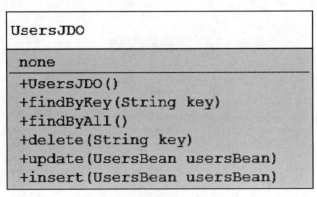

图 1-38　UsersJDO 类结构图

（2）再次拖拽 图标到绘图区，并将类图标中的类名、属性和方法按图 1-39 所示修改，完成 UsersBean 类结构图。

```
UsersBean
-rownum
-users_id
-name
-gender
-birthday
+UsersBean()
+getRownum()
+setRownum(Integer rownum)
+getUsers_id()
+setUsers_id(String users_id)
+getName()
+setName(String name)
+getGender()
+setGender(String gender)
+getBirthday()
+setBirthday(Date birthday)
```

图 1-39　UsersBean 类结构图

（3）拖拽依赖关系图标 ，连接 UsersJDO 类和 UsersBean 类，创建依赖关系，如图 1-40 所示。

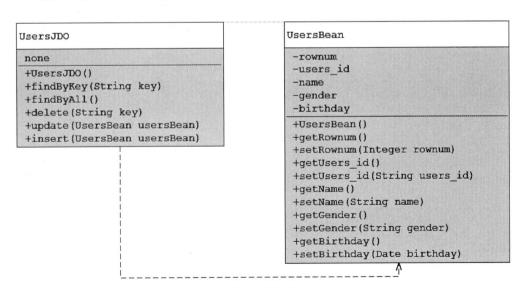

图 1-40　创建依赖关系

练习与检测

根据用户基础信息数据库表结构（见表 1-1）与考勤打卡数据库表结构（见表 1-2）绘制用例图。

表 1-1　　　　　　　　　　用户基础信息数据库表结构

名称	字段	类型
用户主键	users_id	varchar（64）
姓名	name	varchar（20）
性别	gender	varchar（10）
身份证号码	idcard	varchar（18）

表 1-2　　　　　　　　　　考勤打卡数据库表结构

名称	字段	类型
打卡主键	ondudy_id	varchar（64）
用户主键	users_id	varchar（64）
打卡类型	onduty_type	varchar（20）
迟到早退标识	onduty_flag	varchar（10）
打卡时间	onduty_time	timestamp

项目二　数据库工具连接与脚本导入

学习目标

- ◆ 了解开发环境的安装
- ◆ 了解 MySQL 数据库
- ◆ 掌握数据库工具的功能
- ◆ 能够使用数据库脚本导入数据库

任务 1　安装与配置开发环境

学习导入

在开发系统之前,开发环境的搭建是必不可少的,一般通过 JDK(Java development kit)程序开发工具包的安装与配置、Tomcat 服务器的安装与配置、Eclipse 开发工具的安装和 MySQL 数据库的安装与配置完成开发环境的搭建工作。

知识准备

1. JDK 程序开发工具包

JDK 是 Java 语言的程序开发工具包,主要用于移动设备、嵌入式设备上的 Java

应用程序。JDK 是整个 Java 开发的核心，它包含了 Java 的运行环境（Java 虚拟机＋Java 系统类库）和 Java 工具。

2. Tomcat 服务器

Tomcat 是由 Apache 软件基金会的 Jakarta 项目组开发的 Servlet 容器，是开发和调试 Java 服务器页面（Java server pages，JSP）的首选服务器，实现了对 Servlet 和 JSP 的支持，并提供 Web 服务器的一些特有功能。

3. Eclipse 开发工具

Eclipse 是一个开放源代码的、基于 Java 的可扩展开发平台。就其本身而言，它只是一个框架和一组服务，通过插件组件构建开发环境。Eclipse 附带一个标准的插件集，包括 JDK 等。

4. MySQL 数据库

MySQL 是一个关系型数据库管理系统（RDBMS），由瑞典 MySQL AB 公司开发，属于 Oracle 旗下产品。关系型数据库管理系统将数据保存在不同的表中，而不是将所有数据放在一个"大仓库"内，这样就提高了速度，也增强了灵活性。

MySQL 所使用的 SQL（structured query language，结构化查询语言）是访问数据库的最常用标准化语言。MySQL 软件采用了双授权模式，分为社区版和商业版。由于 MySQL 具有体积小、速度快、总成本低、开放源码的特点，因此，一般中小型网站的开发都将其选作网站数据库。

操作技能

步骤 1：安装配置 JDK 程序开发工具包

（1）双击运行 Java SE8 开发工具包安装程序（推荐 Java SE 开发工具包 8 Update 144，本教材不提供安装程序，请读者自行下载），单击"下一步（N）＞"按钮，如图 2-1 所示。

（2）为了简化环境路径的配置，单击"更改（C）…"按钮，修改默认安装路径，将 JDK 安装在 C 盘的根目录，并单击"下一步（N）＞"按钮，如图 2-2 所示。

项目二　数据库工具连接与脚本导入

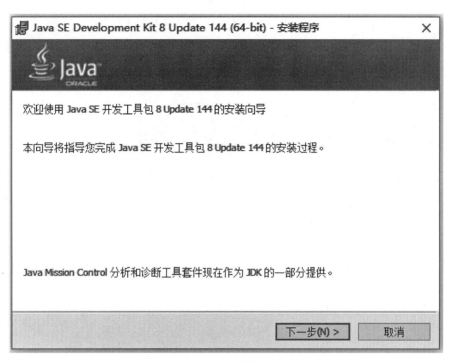

图 2-1　JDK 安装向导 1

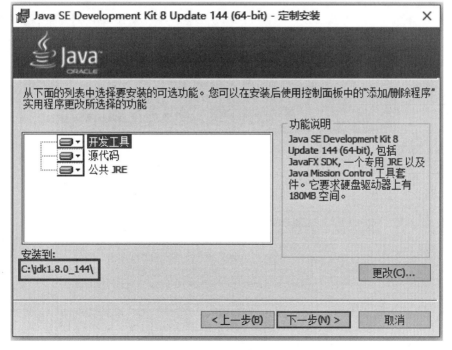

图 2-2　JDK 安装向导 2

（3）同样为了简化环境路径的配置，单击"更改（C）…"按钮，修改默认安装路径，将 JRE（Java runtime environment，Java 运行环境）安装在 C 盘的根目录，并单击"下一步（N）>"按钮，如图 2-3 所示。

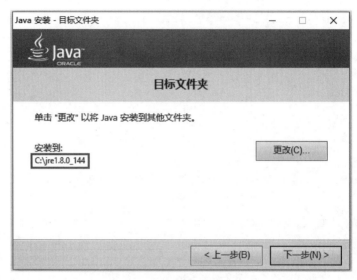

图 2-3　JDK 安装向导 3

（4）单击"关闭（C）"按钮，完成 JDK 程序开发工具包的安装，如图 2-4 所示。

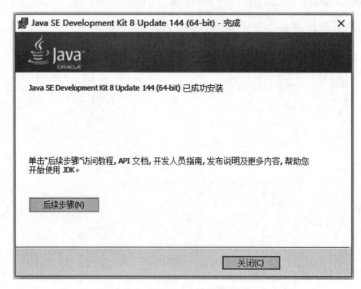

图 2-4　JDK 安装向导 4

（5）安装完成后，检查C盘中是否已成功建有前述两个安装目录，如图2-5所示。

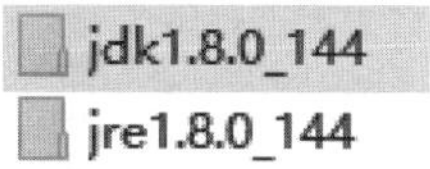

jdk1.8.0_144
jre1.8.0_144

图2-5　安装目录一览

（6）为了能够使用安装的JDK，接着要配置系统的环境变量。右键单击"此电脑"或"我的电脑"，选择"更多"并单击"属性"菜单，如图2-6所示。

图2-6　单击"属性"菜单

（7）单击"高级系统设置"，如图2-7所示。在弹出的"系统属性"对话框的"高级"选项卡中，单击"环境变量（N）…"按钮，如图2-8所示。

（8）在"环境变量"对话框中单击"Administrator的用户变量（U）"栏下的"新建（N）…"按钮，如图2-9所示。设置JDK环境变量后，单击"确定"按钮，如图2-10所示。

图 2-7 单击"高级系统设置"打开"系统属性"对话框

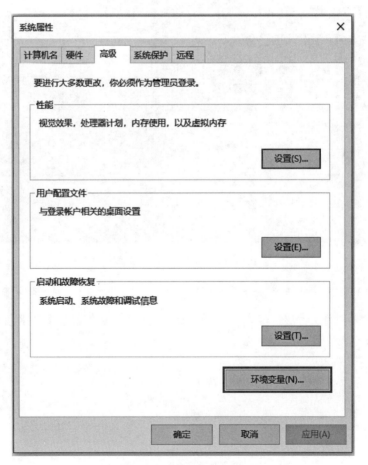

图 2-8 "高级"选项卡

项目二　数据库工具连接与脚本导入

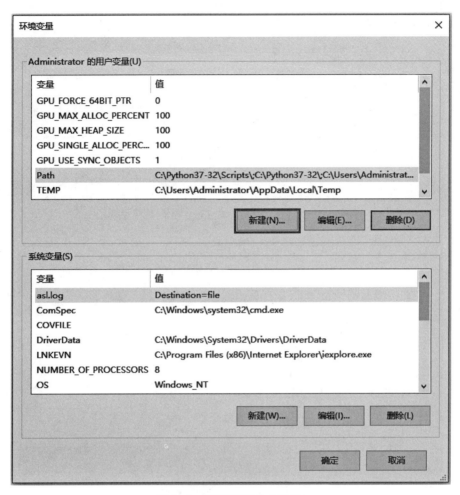

图 2-9　"环境变量"对话框

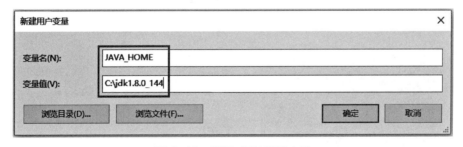

图 2-10　设置 JDK 环境变量

（9）再次单击"新建（N）…"按钮并设置 JRE 环境变量，完成后单击"确定"按钮，如图 2-11 所示。

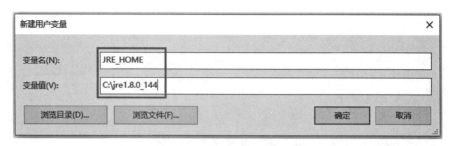

图 2-11 设置 JRE 环境变量

（10）检查环境变量设置是否正确，如图 2-12 所示。待确认无误后单击"环境变量"对话框的"确定"按钮完成 Java 环境变量的配置。

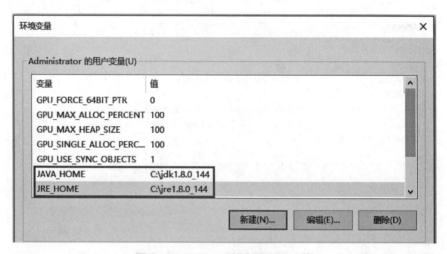

图 2-12 Java 环境变量设置一览

（11）测试 Java 开发环境。在"开始"菜单中的"运行"中输入"cmd"命令，并单击"确定"或按"Enter"键执行，如图 2-13 所示。

图 2-13 运行"cmd"命令

（12）输入"java-version"命令并按"Enter"键，查看安装的 Java 软件版本信息。至此，Java 的 JDK 和 JRE 工具包安装完成。

步骤 2：安装配置 Tomcat 服务器

商务软件系统通过服务器发布，公司员工通过浏览器访问系统，为此需要安装服务器软件发布系统。这里介绍 Tomcat 服务器的安装方法，在实际工作中，读者可以安装其他服务器发布商务软件系统。

（1）请读者自行下载 Tomcat 服务器至 C 盘根目录，本教材推荐 apache-tomcat-8.0.28。

（2）配置 Tomcat 环境变量，右键单击"此电脑"或"我的电脑"并选择"更多"→"属性"菜单，单击"高级系统设置"→"环境变量（N）..."→"新建（N）..."。

（3）设置 Tomcat 环境变量，完成后单击"确定"按钮，如图 2-14 所示。

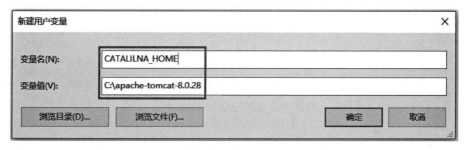

图 2-14　设置 Tomcat 环境变量

（4）检查环境变量设置是否正确，如图 2-15 所示。待确认无误后单击"环境变量"对话框的"确定"按钮，完成 Tomcat 环境变量的配置。

（5）测试 Tomcat 服务器发布环境。打开目录 C:\apache-tomcat-8.0.28\bin，双击 startup.bat 运行服务器（如果在 Mac OS 或 Linux 系统上则双击 startup.sh 运行服务器），如图 2-16 所示。当看到"Server startup in XXXX ms"字样，则说明服务器启动成功，如图 2-17 所示。如果 Tomcat 服务器窗口无法弹出，则检查步骤 1 JDK 程序开发工具包的安装配置环节是否出错，如果出错则会导致 Tomcat 无法识别系统中的 JDK 和 JRE 路径。

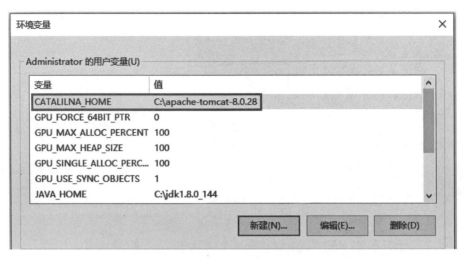

图 2-15　Tomcat 环境变量设置一览

图 2-16　运行 startup.bat 命令

图 2-17　查看启动情况

（6）打开任意浏览器，输入地址 http://localhost:8080，测试服务器是否发布成功，如图 2-18 所示。可以通过关闭 Tomcat 窗口（见图 2-17）停止服务器的发布，也可以通过 C:\apache-tomcat-8.0.28\bin 中的 shutdown.bat 命令停止服务器的发布（Mac OS 或 Linux 系统通过 shutdown.sh 命令停止服务器的发布）。有时通过关闭 Tomcat 窗口停止服务器的发布后，再启动 Tomcat 会失败，这是由于系统在繁忙时虽关闭了 Tomcat 窗口，但来不及处理停止服务器发布的请求，造成端口冲突，导致 Tomcat 启动失败。因此，推荐使用 shutdown.bat 命令停止服务器。

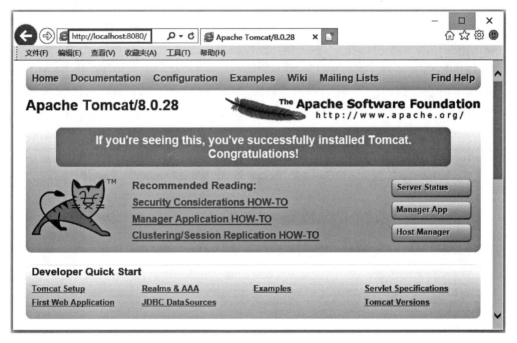

图 2-18　浏览器测试页面

如果读者觉得每次都要输入地址的 8080 端口号比较麻烦，可以修改 C:\apache-tomcat-8.0.28\conf 里的 server.xml 文件，将文件中的 8080 全部改成 80，这样服务器发布地址只需输入 http://localhost 即可。如果服务器发布失败，一定有其他服务或软件占用了 80 端口，如 IIS、apache 等，请将这些服务或软件关闭后再运行 Tomcat 即可。

步骤 3：安装配置 Eclipse 开发工具

http://localhost 地址默认指向 Tomcat 服务器的首页，因此，开发商务软件系统并将其发布到 Tomcat 服务器就需要借助开发工具。本教材以 Eclipse 开发工具为例完成商务软件系统的开发，读者也可选择其他的 Java 开发工具，如 MyEclipse、JBuilder 等。

（1）请读者自行下载 Eclipse 绿色版本软件，本教材推荐 eclipse-jee-luna-SR2-win32-x86_64。

（2）运行 eclipse.exe 命令即可打开开发工具，如图 2-19 所示。如何利用 Eclipse 开发商务软件系统，将在项目三中介绍。系统的数据都记录在数据库中，为此要安装后端数据库。本教材以 MySQL 数据库的安装为例进行介绍。

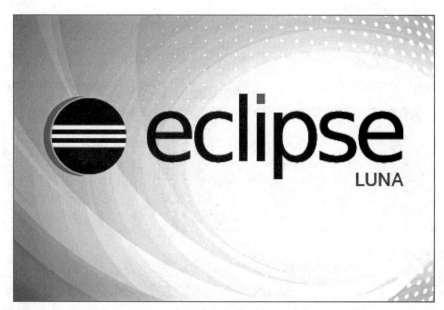

图 2-19　运行 eclipse.exe 命令

步骤 4：安装配置 MySQL 数据库

（1）双击运行 MySQL 数据库安装包（本教材不提供，请读者自行下载，推荐 mysql-5.5.22-winx64），并单击"Next"（下一步）按钮，如图 2-20 所示。

（2）勾选"I accept the terms in the License Agreement"（我接受许可协议中的条款）并单击"Next"按钮，如图 2-21 所示。

（3）选择"Typical"（典型安装）安装选项后，单击"Next"按钮，如图 2-22 所示。

项目二　数据库工具连接与脚本导入

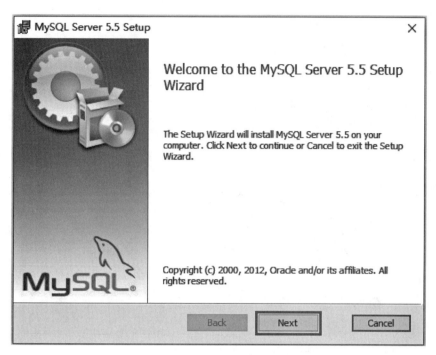

图 2-20　MySQL 数据库安装向导 1

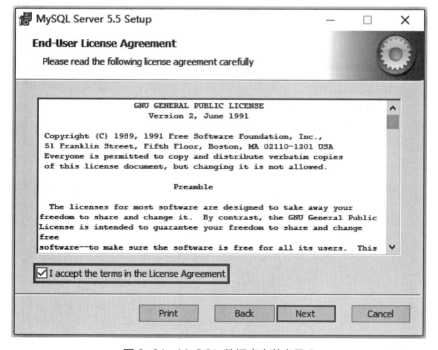

图 2-21　MySQL 数据库安装向导 2

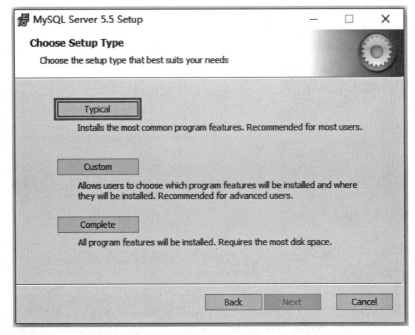

图 2-22 MySQL 数据库安装向导 3（未选择 Typical 状态，"Next"按钮为灰不可点击）

（4）单击"Install"（安装）按钮，如图 2-23 所示。

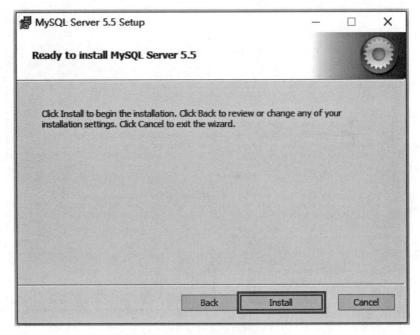

图 2-23 MySQL 数据库安装向导 4

（5）单击"Next>"按钮，如图 2-24 所示。再次单击"Next>"按钮，如图 2-25 所示。

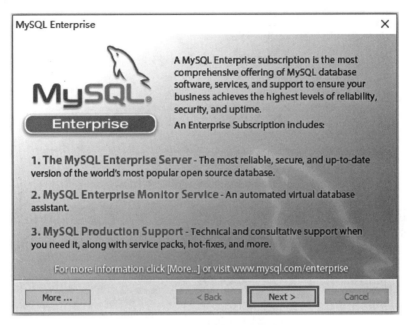

图 2-24　MySQL 数据库安装向导 5

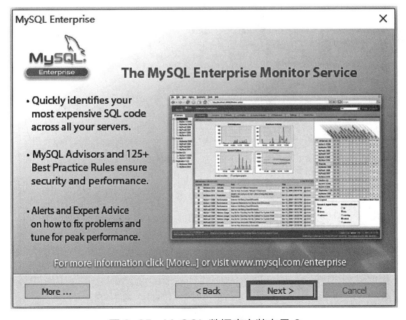

图 2-25　MySQL 数据库安装向导 6

(6)勾选"Launch the MySQL Instance Configuration Wizard"(启动 MySQL 实例配置向导)并单击"Finish"(完成)按钮,如图 2-26 所示。

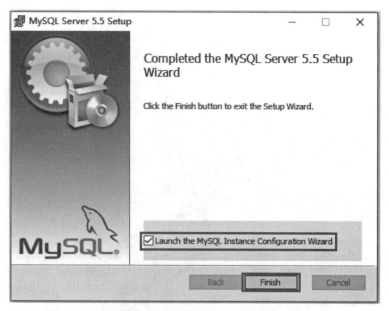

图 2-26　MySQL 数据库安装向导 7

(7)单击"Next>"按钮,如图 2-27 所示。

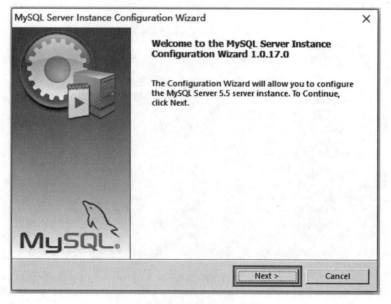

图 2-27　配置 MySQL 向导 1

（8）勾选"Standard Configuration"（标准配置）并单击"Next>"按钮，如图 2-28 所示。

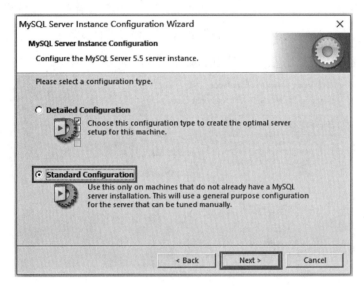

图 2-28　配置 MySQL 向导 2

（9）勾选"Install As Windows Service"（安装为 Windows 服务）和"Launch the MySQL Server automatically"（自动启动 MySQL）并单击"Next>"按钮，如图 2-29 所示。

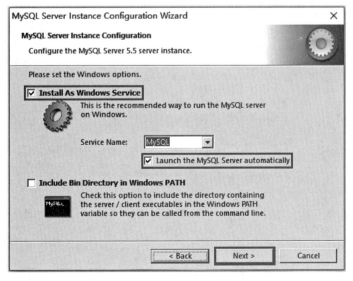

图 2-29　配置 MySQL 向导 3

（10）勾选"Modify Security Settings"（修改安全设置），设置 root 账户的密码（Enter the root password）并重复输入确认密码（Retype the password）。本教材设置的密码为 root，读者可以自行设置，之后商务软件连接数据库时会用到这个密码。设置完成后单击"Next>"按钮，如图 2-30 所示。

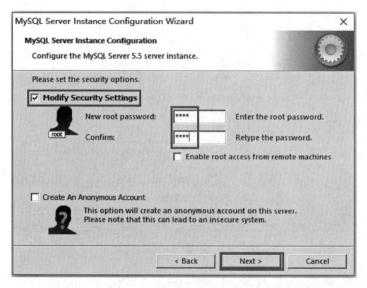

图 2-30　配置 MySQL 向导 4

（11）单击"Execute"（执行）按钮安装 MySQL 实例，如图 2-31 所示。

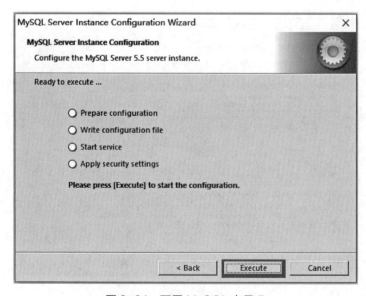

图 2-31　配置 MySQL 向导 5

看到四个勾选项执行完毕后，单击"Finish"按钮完成 MySQL 的安装，如图 2-32 所示。

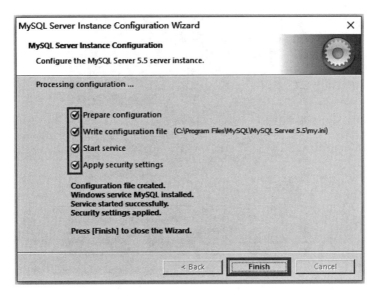

图 2-32　配置 MySQL 向导 6

注意，在这步安装中可能会失败，这是由于之前可能安装过其他版本的 MySQL 软件，从而造成冲突，因此如果之前安装过其他版本的 MySQL 软件，则可以跳过数据库的安装环节。如果希望使用本教材推荐的 MySQL 软件，那么请读者将其他版本的 MySQL 软件卸载，并将刚才安装失败的 MySQL 一并卸载。由于 MySQL 会保留已有的数据库，因此在卸载完 MySQL 软件后，要打开 C 盘中的隐藏目录"ProgramData"，将里面的"MySQL"删除后重新安装，如图 2-33 所示。

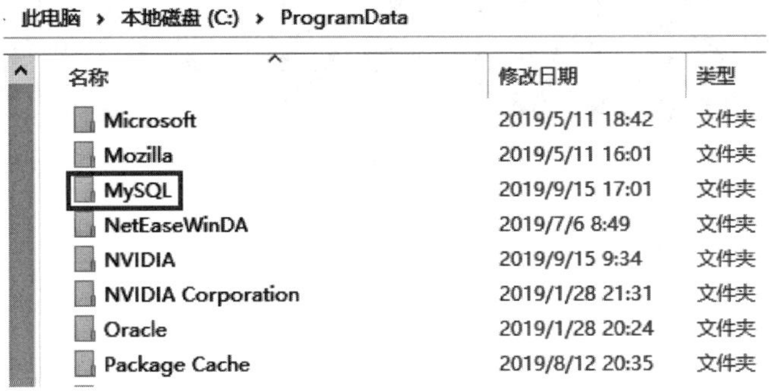

图 2-33　删除"ProgramData"中的"MySQL"

（12）测试数据库。从"开始"菜单中选择"MySQL"并运行 MySQL 的"Command Line Client"命令行窗口，如图 2-34 所示。

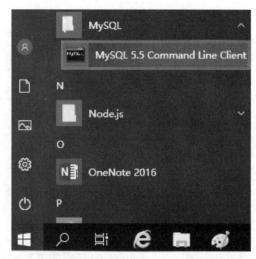

图 2-34　启动 MySQL 命令模式

输入密码并按"Enter"键登录数据库，如图 2-35 所示。

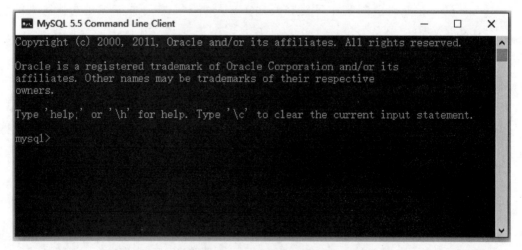

图 2-35　登录数据库

输入"show databases;"查看已有数据库，如图 2-36 所示。

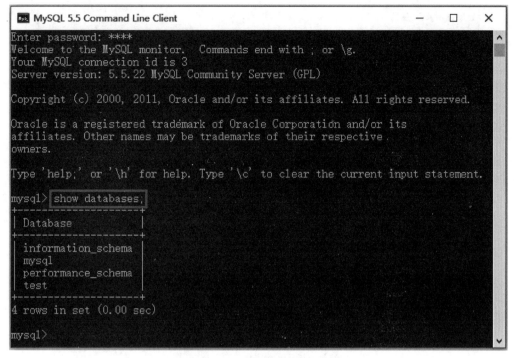

图 2-36　查看已有数据库

输入"exit"可以退出 MySQL 命令行窗口。

步骤 5：安装配置 MySQL 图形化工具

每次操作 MySQL 都要通过命令行来执行，既麻烦又不直观，为此可以安装第三方软件为 MySQL 提供可视化操作界面来简化开发过程。本教材使用 SQLyog 工具为 MySQL 提供可视化界面，读者也可以使用其他软件如 Navicat 等。

（1）请读者自行下载 SQLyog 工具安装包，本教材推荐 SQLyog_Enterprise 8.14.rar。

（2）运行 SQLyogEnt.exe，输入用户名和密码并单击"连接（C）"按钮（MySQL 默认端口号为 3306，除非需要，一般不用修改），如图 2-37 所示。

连接成功后会看到已有的数据库结构，如图 2-38 所示。

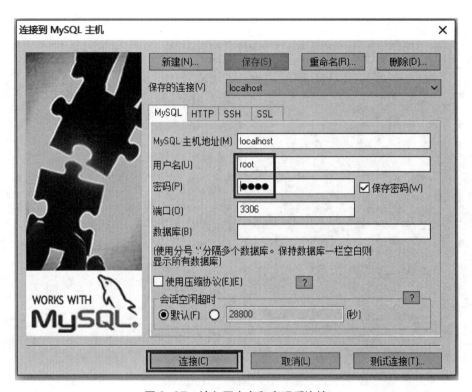

图 2-37 输入用户名和密码后连接

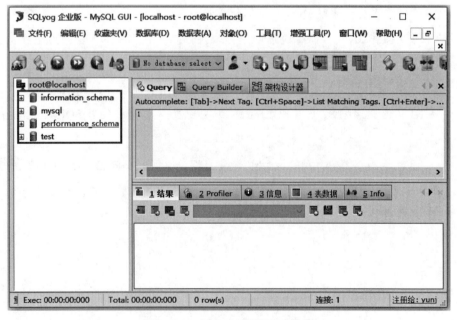

图 2-38 查看已有的数据库结构

任务 2　连接数据库

学习导入

任何商务软件系统都要用数据库保存数据信息，因此采用数据库工具连接数据库是获取数据信息的必经之路。下面将介绍如何通过 MySQL 图形化工具连接后端数据库。

知识准备

MySQL 不提供图形化工具，现在应用较广泛的第三方图形化工具是 SQLyog 和 Navicat。下面以 SQLyog 工具为例介绍如何查看 MySQL 数据库。

操作技能

步骤 1：打开图形化工具并输入连接参数。双击执行文件 SQLyogEnt.exe 打开 MySQL 图形化工具，输入用户名"root"和密码"root"，单击"连接（C）"按钮登录数据库。

步骤 2：连接并创建空的数据库。连接成功后，右键单击左侧树结构的根节点，选择"创建数据库（D）……"选项，分别设置数据库名为"purchasesys"、数据库字符集为"utf8"、数据库校对规则为"utf8_unicode_ci"，最后单击"创建（C）"按钮创建空的采购数据库，如图 2-39 所示。

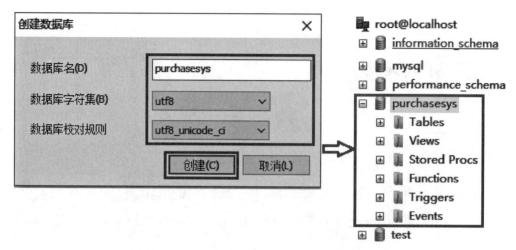

图 2-39 创建"purchasesys"数据库

任务3 导入数据库

学习导入

通过图形化工具导入 SQL 脚本可以快速还原数据库结构和历史数据,读者可通过本任务的学习掌握使用图形化工具导入数据库脚本的方法。

知识准备

生成数据库项目时,预先部署脚本、数据库对象定义和后期部署脚本会合并为一个生成脚本,要求数据库管理者或开发者只能指定一个预先部署脚本和一个后期部署脚本,但可在预先部署脚本和后期部署脚本中包含其他脚本。

操作技能

步骤 1：导入数据库脚本

（1）有了空的数据库后，右键单击"purchasesys"数据库，选择"导入(I)"并单击"从 SQL 转储文件导入数据库(R)…"选项，如图 2-40 所示。

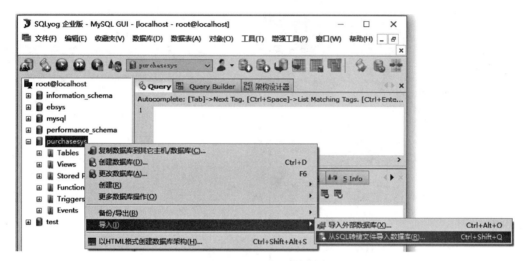

图 2-40　导入数据库

（2）选择配套素材中的"purchasesys.sql"脚本文件，并单击"执行(E)"按钮导入数据库结构，如图 2-41 所示。执行完毕可以看到已有的数据库表结构，如图 2-42 所示。

图 2-41　选择数据库脚本

图 2-42　查看导入结果

步骤 2：检验导入的数据库结构和数据

先看一下这些表之间的关系，如图 2-43 所示。

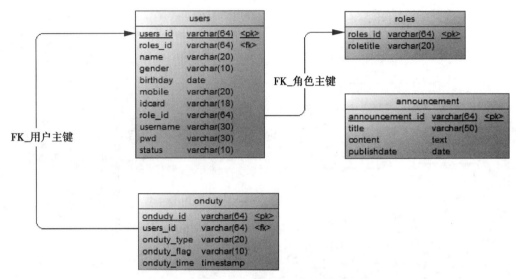

图 2-43　数据库表关系图

其中，users 表保存了登录用户的信息，其结构见表 2-1。

表 2-1　　　　　　　　　用户信息表（users 表）

名称	字段	类型
用户主键	users_id	varchar（64）
姓名	name	varchar（20）
性别	gender	varchar（10）
出生日期	birthday	date
手机号码	mobile	varchar（20）
身份证号码	idcard	varchar（18）
角色	role_id	varchar（64）
登录名	username	varchar（30）
密码	pwd	varchar（30）
状态	status	varchar（10）

roles 表保存了用户的角色身份信息，其结构见表 2-2。

表 2-2　　　　　　　　　　角色信息表（roles 表）

名称	字段	类型
角色主键	roles_id	varchar（64）
角色名称	roletitle	varchar（20）

onduty 表保存了用户的电子考勤信息，其结构见表 2-3。

表 2-3　　　　　　　　　　电子考勤表（onduty 表）

名称	字段	类型
打卡主键	ondudy_id	varchar（64）
用户主键	users_id	varchar（64）
打卡类型	onduty_type	varchar（20）
迟到早退标识	onduty_flag	varchar（10）
考勤时间	onduty_time	timestamp

announcement 表保存了采购系统的公告信息，其结构见表 2-4。

表 2-4　　　　　　　　　　公告信息表（announcement 表）

名称	字段	类型
公告主键	announcement_id	varchar（64）
公告标题	title	varchar（50）
公告内容	content	text
发布日期	publishdate	date

为了便于系统显示完整的考勤信息，数据库关联了 users 表、roles 表和 onduty 表的信息，并以 onduty_view 视图展示考勤信息，其 MySQL 的语句结构如图 2-44 所示。用户视图显示效果如图 2-45 所示。

```
SELECT
o.ondudy_id,u.users_id,u.name,u.gender,u.mobile,r.roletitle,o.onduty_type,o.onduty_flag,
o.onduty_time,DATE(o.onduty_time) dutydate
FROM onduty o INNER JOIN users u ON o.users_id=u.users_id
INNER JOIN roles r ON r.roles_id=u.role_id
```

图 2-44　用户视图脚本

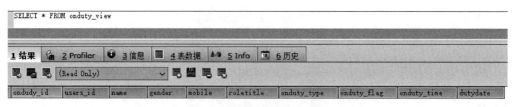

图 2-45　用户视图显示效果

练习与检测

用记事本打开"purchasesys.sql"文件，将"purchasesys"全部替换成"oasys"并保存，同时将文件名修改为"oasys.sql"。利用"oasys.sql"导入生成"oasys"数据库。

项目三　数据库工具类编写

学习目标

- 了解使用代码连接数据库的方法
- 了解使用构造工具类方法编写数据库的常用方法
- 能够搭建 web 工程
- 能够编写数据库连接代码
- 能够处理数据库异常问题

任务 1　编写数据库连接代码

学习导入

图形化工具只是可视化检索数据库的一个手段，仅仅通过图形化工具连接数据库是不够的，还必须把数据库连接写入 Java 代码，这样才能通过这个连接通道传递数据给商务软件系统的各个模块。

知识准备

1. Java 的 SQL 类库

Java 提供的数据库操作接口允许对不同的数据库执行 SQL 语句。Java 语言提供了一组接口，没有提供实现类，这些实现类由各个数据库厂商提供，这些实现类就是驱动程序。当需要在数据库之间切换时，只要更换数据库驱动程序即可。学习项目二后，读者可以使用图形化工具输入 SQL 语法查看数据库信息，本项目将介绍如何通过 Java 代码完成 MySQL 数据库的连接。

2. try、catch 和 finally 异常处理语法

try 就像一个网，把 try 中代码所抛出的异常都网住，然后把异常交给 catch 中的代码去处理，最后执行 finally 中的代码。无论 try 中代码有没有异常，也无论 catch 是否将异常捕获到，finally 中的代码都一定会被执行。虽然 Java 运行时系统所提供的预设处理器对除错很有用，但是开发人员通常希望自行处理例外。这样做有两个优点：第一，修正错误；第二，避免程序自动终止。每当错误发生时，只要将需要监视的代码放在 try 区块里即可，之后在 catch 语句中指定希望捕捉的例外型态。

操作技能

步骤 1：使用 Eclipse 搭建 web 工程

（1）打开 eclipse.exe，在工作空间中设定项目的开发目录如 d:\purchaseapp，目录名称根据读者的喜好自行设定，设置完毕单击"OK"按钮，完成项目工程的创建，如图 3-1 所示。

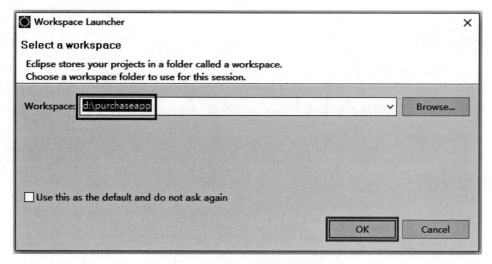

图 3-1　输入工程路径和名称

（2）关闭"Welcome"页面，如图 3-2 所示。

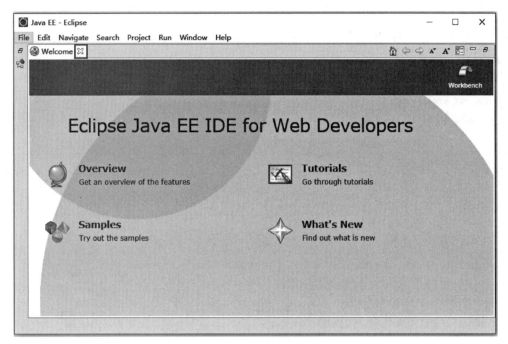

图 3-2　关闭"Welcome"页面

（3）依次单击"File"（文件）→"New"（新建）→"Dynamic Web Project"（动态网页项目）菜单，如图 3-3 所示。

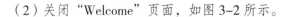

图 3-3　选择动态网页项目菜单

在"Project name"（项目名称）中输入项目的根目录"ROOT"，这样在运行项目时，只需在浏览器中输入"http://localhost:8080"即可。如果不需要 8080 端口，可以参考项目二任务 1 中安装 Tomcat 服务器的相关操作。如果在"Project name"中输入项目的根目录不是"ROOT"，那么该根目录必须出现在浏览器的地址中，如读者设置"Project name"为"purchase"，那么访问采购系统的路径为"http://localhost:8080/purchase",设置根目录完毕,单击"Next>"按钮,如图3-4所示。如图3-5所示,该向导界面配置了Java的编译生成类路径,无须修改,继续单击"Next>"按钮。

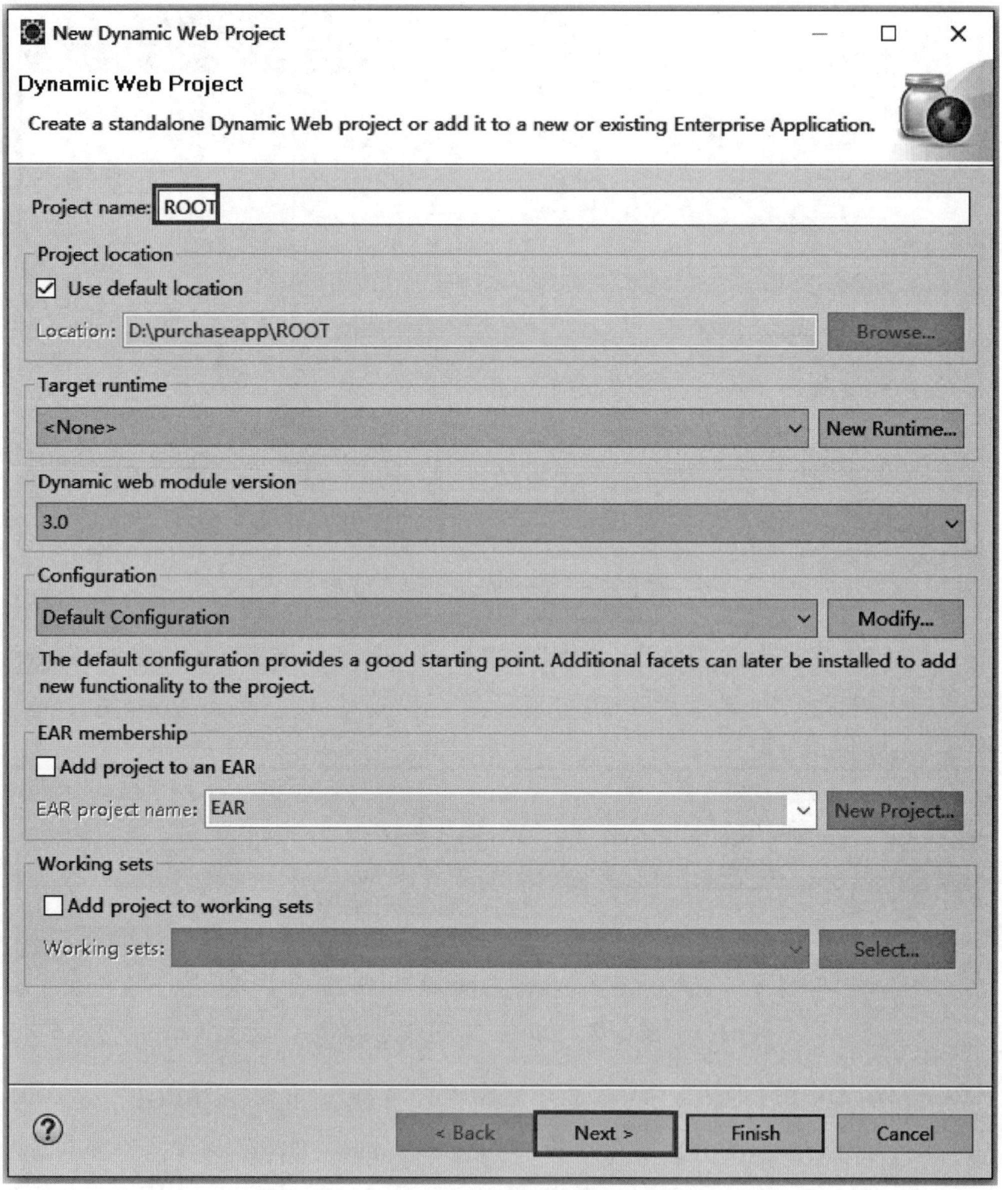

图 3-4 设置项目名称

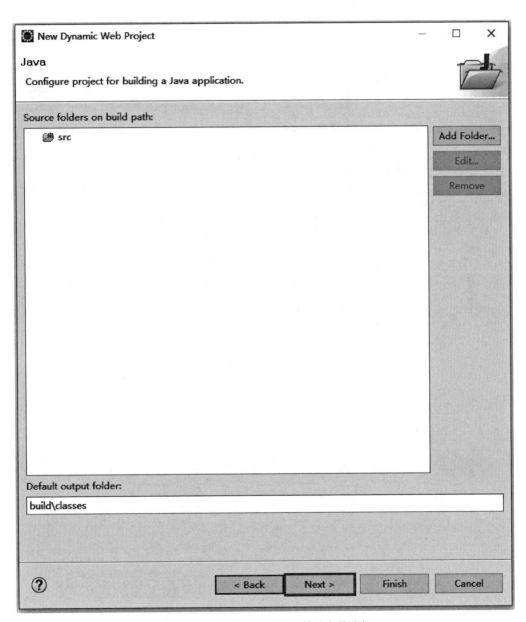

图 3-5　查看代码和编译文件的存放路径

（4）如图 3-6 所示，勾选 "Generate web.xml deployment descriptor"（生成 web.xml 部署描述符），生成网站的配置文件，然后单击 "Finish" 按钮完成项目的创建。

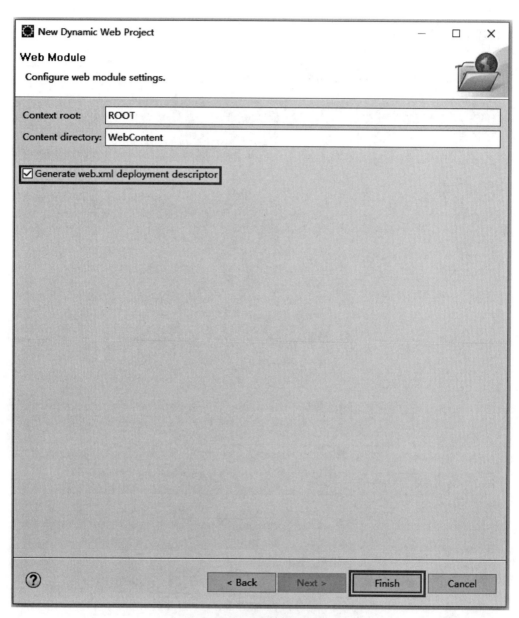

图 3-6　完成项目创建

（5）为了使系统的画面更美观，导入配套素材中的"mvc"目录，该目录存放第三方开元框架 bootstrap 的文件，只需简单地调用就可以打造出华丽的画面效果。告诉大家一个小技巧，只需把"mvc"目录拖拽到"WebContent"节点上即可，如图 3-7 和图 3-8 所示。

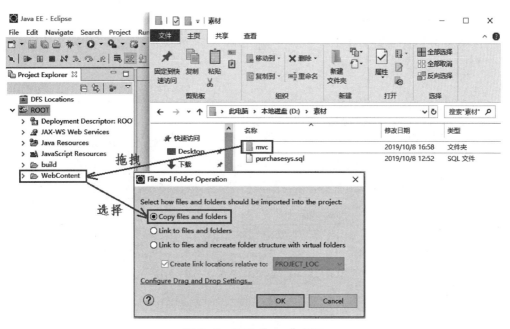

图 3-7 复制 "mvc" 目录

图 3-8 查看项目中的 "mvc" 目录结构

（6）双击打开配套素材目录中的 "lib（java_servletl_jstl 类库）"（读者也可以选择其他框架类库进行开发，如 hibernate4、mybatis3、struts2、spring5 等），

67

用 Java 语言开发的读者需要将目录中的 jar 类库导入项目的 WEB-INF/lib 中（用其他语言开发的读者无须导入 jar 类库），可用导入"mvc"目录的方法导入 jar 类库，如图 3-9 和图 3-10 所示。

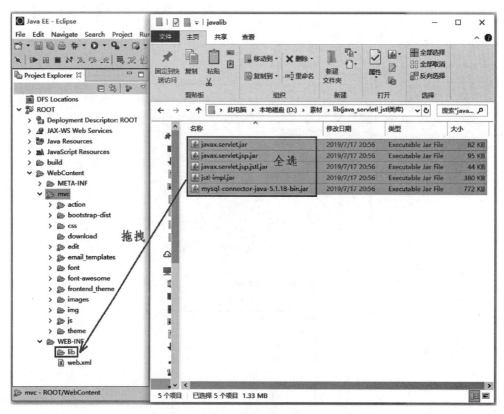

图 3-9　复制配套素材类库

图 3-10　查看导入的配套素材类库

（7）之前在创建数据库时已经将数据库字符集设置为utf8，也将工程目录统一设置为utf8，这就保证了数据在浏览器中的显示与在数据库中存储的字符集一致，最终确保不会产生乱码。右键单击"ROOT"根节点，并单击"Properties"菜单，如图3-11所示。

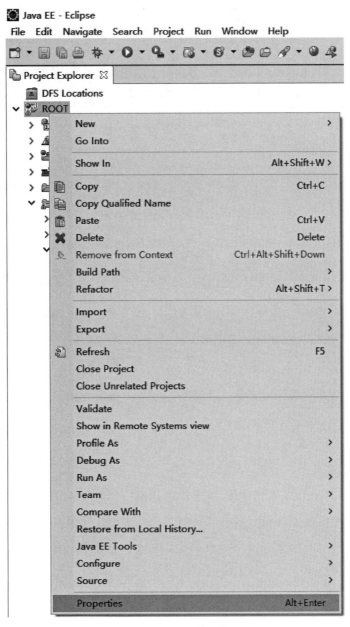

图3-11　设置项目

选中"Other"选项,并选择"UTF-8",单击"OK"按钮,如图 3-12 所示。

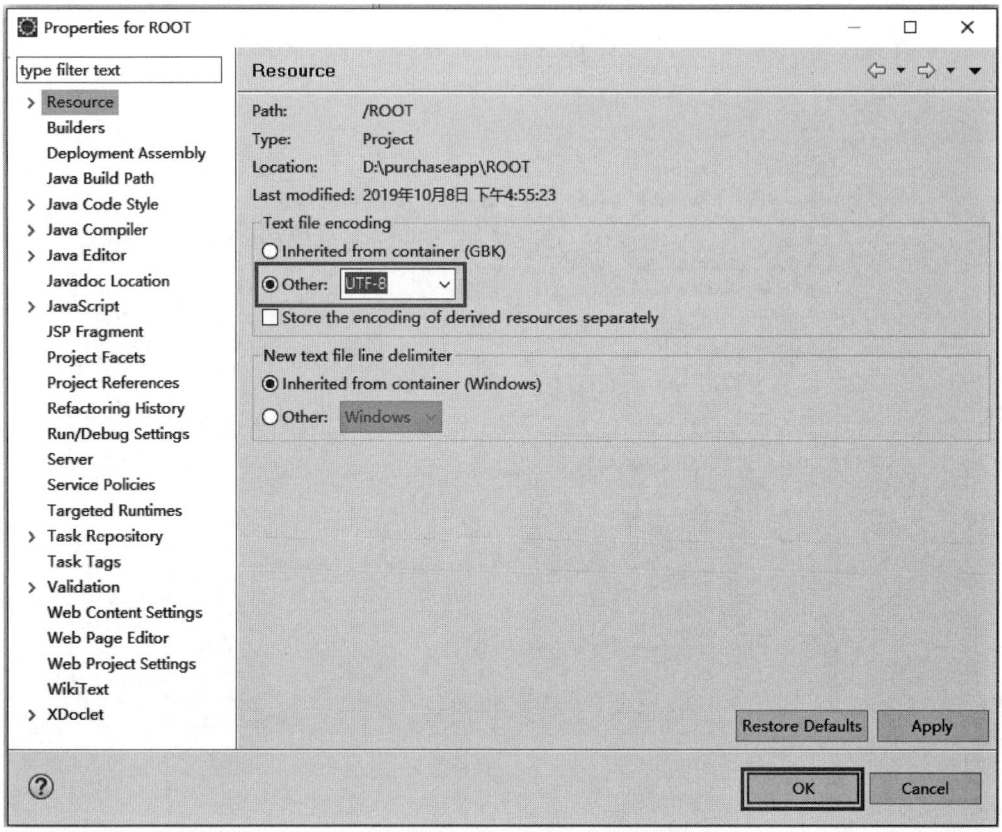

图 3-12　选择"UTF-8"字符集

（8）至此项目创建完毕,但还不能运行,必须为项目配置 JDK 和 JRE 环境以及 Tomcat 服务器。

1）配置 JDK 和 JRE 环境。单击"Window"（窗口）菜单中的"Preferences"（首选项）子菜单,如图 3-13 所示。

展开"Java"节点并单击"Installed JREs",如图 3-14 所示。

如果勾选的 Java 路径就是在项目二任务 1 中安装 JDK 程序开发工具包的路径,那么就不用配置 Java 编译路径了。如果不是,请根据以下操作步骤完成配置。单击"Add…"（添加）按钮,如图 3-15 所示。

项目三 数据库工具类编写

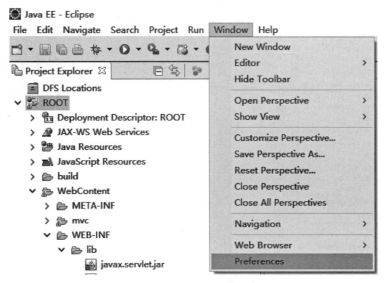

图 3-13 设置项目引用

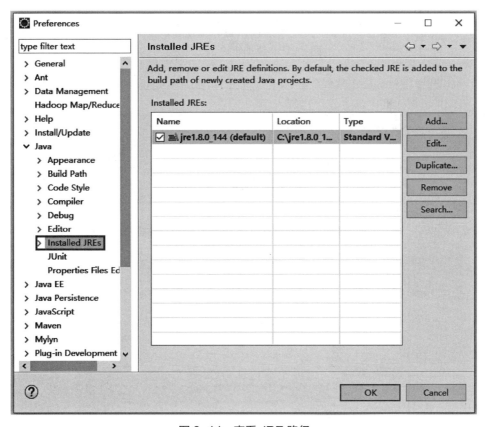

图 3-14 查看 JRE 路径

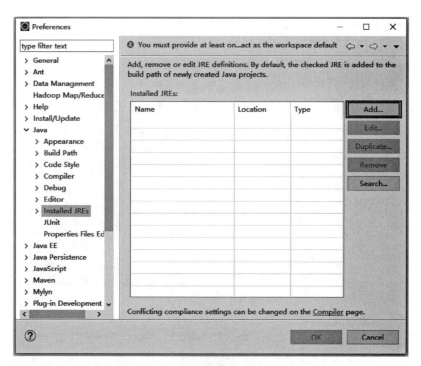

图 3-15　添加新的 JRE 路径

选择"Standard VM"(标准虚拟机),单击"Next>"按钮,如图 3-16 所示。

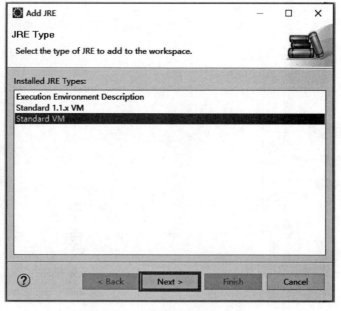

图 3-16　选择标准虚拟机选项

单击"Directory…"（目录）按钮，选择项目二任务 1 中安装 JDK 程序开发工具包时配置的 JDK 路径，单击"Finish"按钮，如图 3-17 所示。

图 3-17　完成 JRE 的配置

勾选配置的 JDK 路径，并点击"OK"按钮，完成 Java 编译环境的配置，如图 3-18 所示。

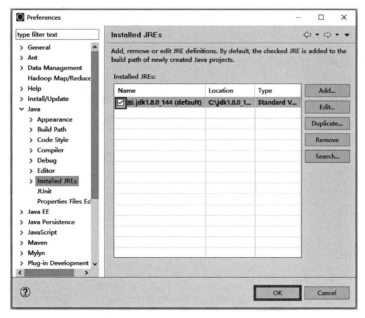

图 3-18　完成 Java 编译环境的配置

2）配置 Tomcat 服务器。展开"Server"节点，单击"Runtime Environment"，并单击"Add..."按钮，如图 3-19 所示。

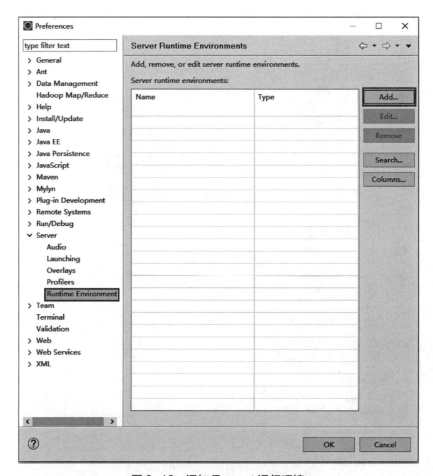

图 3-19　添加 Tomcat 运行环境

展开"Apache"节点，选择"Apache Tomcat v8.0"，并单击"Next>"按钮，如图 3-20 所示。

单击"Browse..."（浏览）按钮，选择项目二任务 1 中安装 Tomcat 服务器的配置路径，同时下拉选择之前配置的 JDK 路径，最后单击"Finish"按钮完成 Tomcat 的配置，如图 3-21 所示。

要将配置好的 Tomcat 服务器加载到项目中，单击"Servers"选项卡，再单击链接"No servers are available.Click this link to create a new server..."（没有可用的服务器，请单击此链接以创建一个新的服务器），如图 3-22 所示。

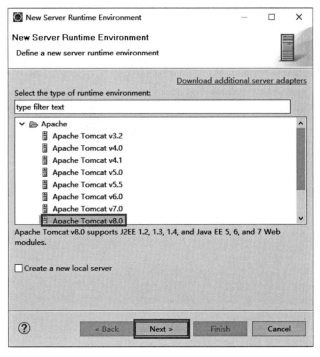

图 3-20　选择 Tomcat 版本

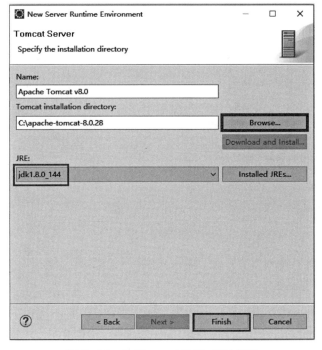

图 3-21　为 Tomcat 设置 JRE 环境

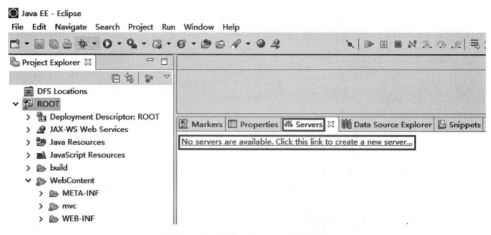

图 3-22 添加 Tomcat 服务器

直接点击"Finish"按钮完成 Tomcat 服务器的加载，如图 3-23 所示。查看已配置的 Tomcat 服务器，如图 3-24 所示。

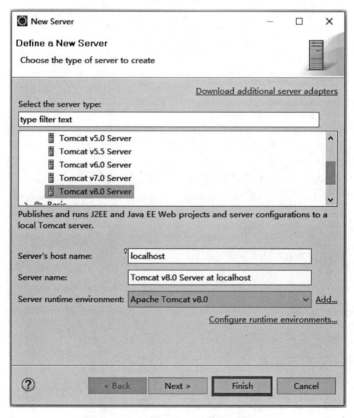

图 3-23 选择 Tomcat 服务器版本

项目三　数据库工具类编写

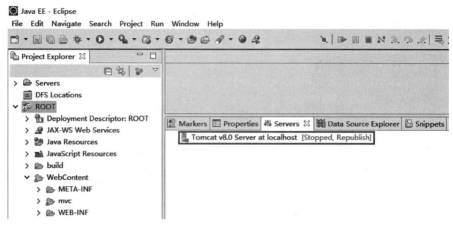

图 3-24　查看已配置的 Tomcat 服务器

下面修改 Tomcat 的默认部署路径，双击"tomcat v8.0 server"服务器打开配置页面，在配置页面中选中"Use Tomcat installation（takes control of Tomcat installation）"[使用 Tomcat 安装路径（控制 Tomcat 安装路径）]，将 Deploy path（部署路径）修改为"webapps"，最后按组合键 Ctrl+S 保存配置，如图 3-25 所示。

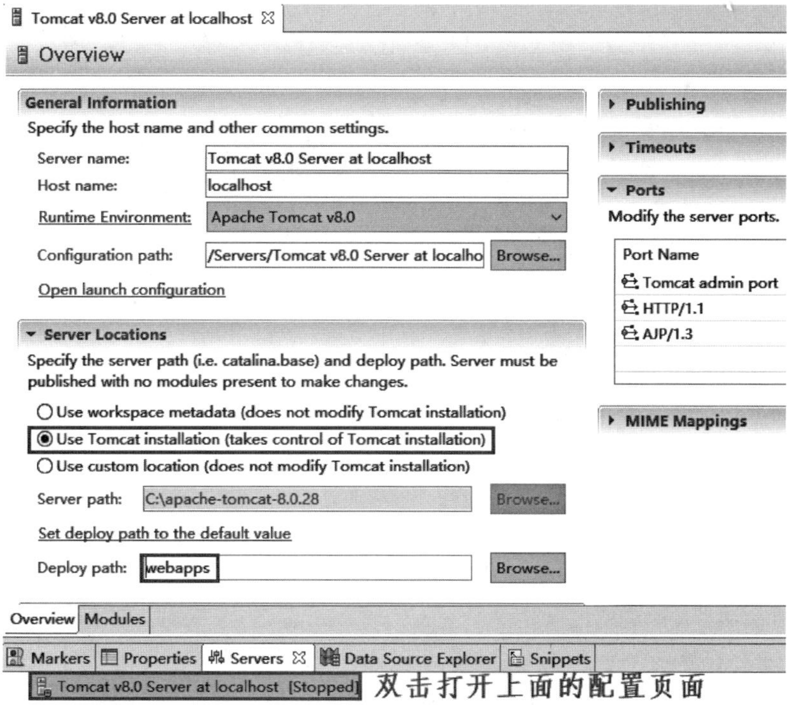

图 3-25　设置 Tomcat 的部署路径

（9）创建一个测试页面测试搭建部署的项目是否能够正常运行。

1）创建测试页面。右键单击"WebContent"节点，选择"New"→"JSP File"菜单，如图3-26所示。

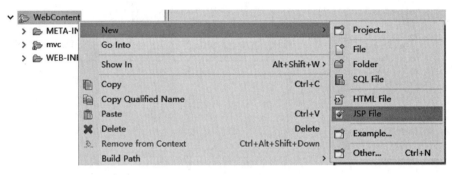

图 3-26　新建 JSP 页面

将 File name（页面名称）修改为"index.jsp"，单击"Finish"按钮完成测试页面的创建，如图3-27所示。

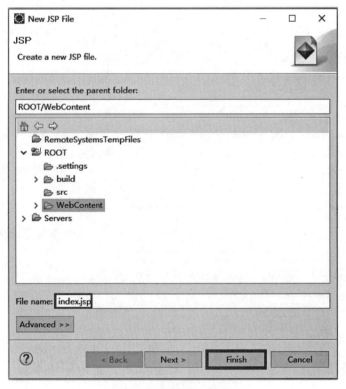

图 3-27　设置测试页面名称

2）编辑测试页面代码。双击"index.jsp"，打开页面代码，将 ISO-8859-1 简体中文字符集全部改成 utf-8 字符集规范，并在 <body></body> 中间加入测试文字，最后按组合键 Ctrl+S 保存页面，如图 3-28 所示。

```
1  <%@ page language="java" contentType="text/html; charset=utf-8"
2      pageEncoding="utf-8"%>
3  <!DOCTYPE html PUBLIC "-//W3C//DTD HTML 4.01 Transitional//EN" "http://www.w3.org/TR/html4/loose.dtd">
4  <html>
5  <head>
6  <meta http-equiv="Content-Type" content="text/html; utf-8">
7  <title>Insert title here</title>
8  </head>
9  <body>
10 电子采购系统测试！
11 </body>
12 </html>
```

图 3-28　编辑测试页面代码

3）在 Tomcat 服务器中部署项目。将项目部署到 Tomcat 服务器，才能看到最终的测试效果。右键单击 Tomcat 服务器，选择"Add and Remove…"（添加和移除）菜单，如图 3-29 所示。

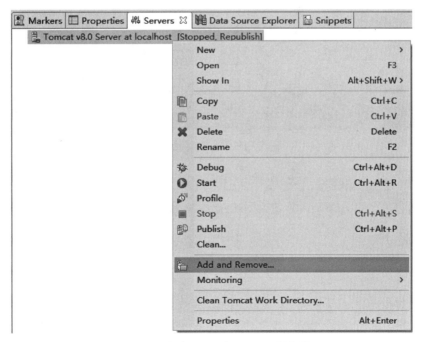

图 3-29　添加项目到 Tomcat 服务器

单击"Add All>>"（添加全部）按钮将项目部署到 Tomcat 服务器，并单击"Finish"按钮完成部署，如图 3-30 所示。查看已添加的项目如图 3-31 所示。

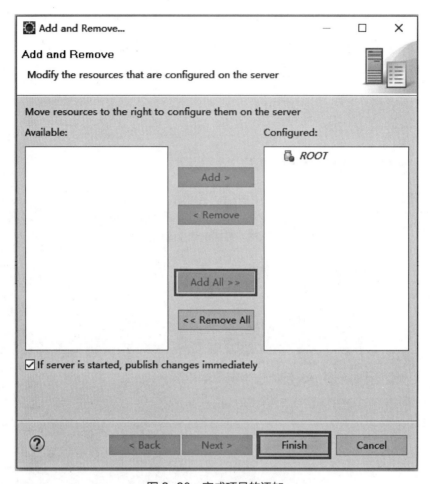

图 3-30　完成项目的添加

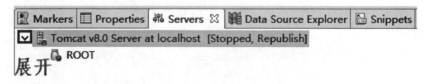

图 3-31　查看已添加的项目

为了防止与 Tomcat 已有的 ROOT 网站不同步，建议读者右键单击 Tomcat 服务器，并选择"Clean…"（清除）菜单以便同步部署，如图 3-32 所示。

4）启动并测试项目。右键单击 Tomcat 服务器，点击"Start"启动项目，查看项目启动情况如图 3-33 所示。

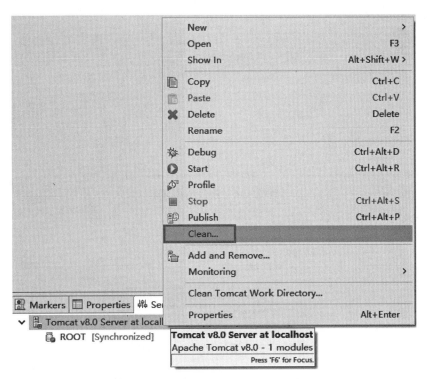

图 3-32 同步服务器项目代码编译文件

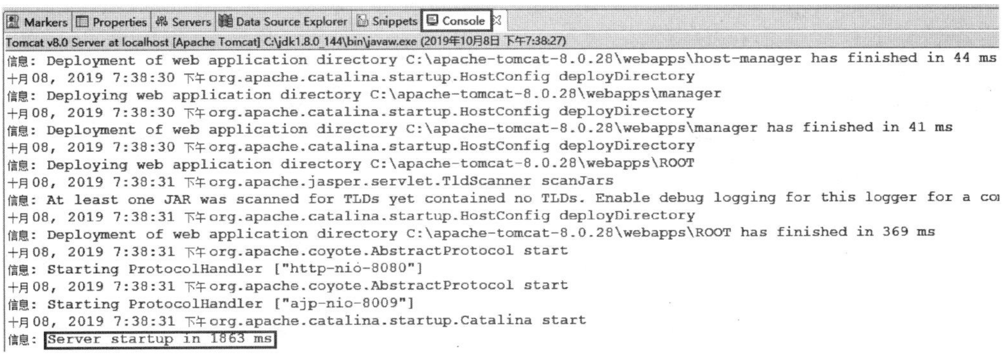

图 3-33 查看项目启动情况

打开浏览器，输入"http://localhost:8080"查看测试结果，如图 3-34 所示。至此项目搭建工作全部完成。

步骤 2：使用 SQL 类库编写数据库连接代码并完成数据库异常处理

（1）从配套素材中的"lib（java_mysql 连接类库）"目录中将连接数据库的 jar 类库拖拽到项目的"lib"目录中，如图 3-35 所示。

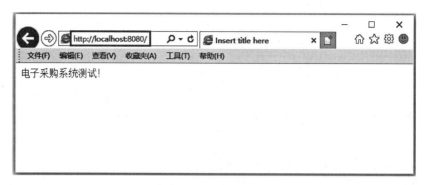

图 3-34　查看测试结果

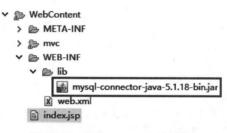

图 3-35　添加 MySQL 连接库

（2）在工程的"src"节点处右键单击"New"菜单中的"Package"（包）子菜单，在"Name"处输入"db"后，单击"Finish"按钮，提交新建的名为"db"的空类包，如图 3-36 所示。

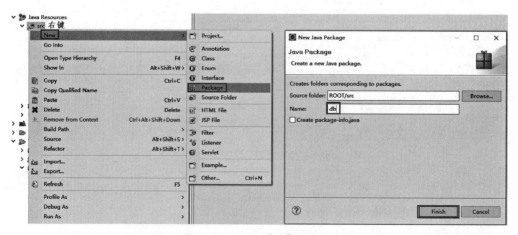

图 3-36　添加"db"包目录

（3）右键单击"db"包，新建名为"DBConstSetup"的类，如图 3-37 所示。
（4）编写连接数据库的代码，并完成数据库连接的异常处理，如图 3-38 所示。

项目三 数据库工具类编写

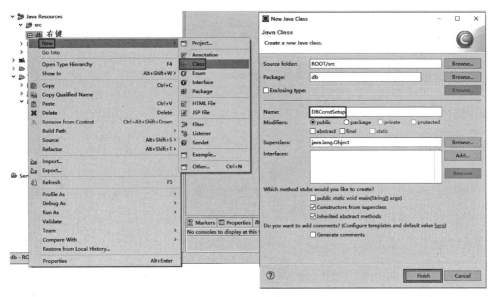

图 3-37 新建"DBConstSetup"类文件

```java
package db;

import java.sql.Connection;
import java.sql.DriverManager;
import java.sql.SQLException;

/**
 * 数据库工具类
 */
public class DBConstSetup {

    //数据库所有者
    public static String DATABASE_OWNER="purchasesys";
    //数据库类型
    public static String DATABASE="MYSQL";
    public static String DB_CLASS_NAME="com.mysql.jdbc.Driver";
    public static String URL="jdbc:mysql://localhost:3306/purchasesys?characterEncoding=utf8";
    public static String USER="root";
    public static String PASSWORD="root";

    /**
     * 返回数据库连接对象
     * @return
     */
    public static Connection getDBConnection(){
        Connection conn=null;
        try{
            Class.forName(DB_CLASS_NAME).newInstance();
            conn= DriverManager.getConnection(URL,USER,PASSWORD);
        }catch(ClassNotFoundException e){
            e.printStackTrace();
        }catch(InstantiationException e){
            e.printStackTrace();
        }catch(IllegalAccessException e){
            e.printStackTrace();
        } catch (SQLException e) {
            e.printStackTrace();
        }
        return conn;
    }
}
```

图 3-38 编写 DBConstSetup.java 代码

任务 2　编写数据库常用工具类

学习导入

编写一些常用方法作为数据库的工具类,可避免重复编写部分代码。下面介绍 static 关键字的使用方法,以及使用基本集合类 HashMap、Iterator 和 Set 封装、聚合数据的方法。

知识准备

1. static 关键字

(1)含义和作用。在 Java 语言中,static 表示"静态"的意思,用来修饰成员变量和成员方法,当然也可以修饰代码块。static 的主要作用是创建独立于具体对象的域变量或者方法。

这里先引入 new 关键字的相关知识。通过 new 关键字去创建对象的时候,数据的存储空间才会被分配,类中的成员方法才能被对象所使用。但是有两种特殊的情况:一是通过 new 关键字创建的对象共享同一个资源,即不是每个对象都拥有自己的数据,这种情况根本不需要去创建对象,这个资源与对象之间是没有关系的;二是希望某个方法不与包含它的类的任何对象联系在一起。static 可以解决以上两种情况的问题,即使没有创建对象,也能使用属性和调用方法。

(2)格式

修饰变量的格式:static 数据类型变量名。

修饰方法的格式:访问权限修饰符 static 方法返回值方法名(参数列表)。

(3)特点

1)static 可以修饰变量和方法。

2)被 static 修饰的变量或者方法独立于该类的任何对象,也就是说,这些变量和方法不属于任何一个实例对象,而是被类的实例对象所共享。

3)当类被加载时,就会加载被 static 修饰的部分。

4)被 static 修饰的变量或者方法是优先于对象存在的,也就是说,当一个类加载完毕,即便没有创建对象,也可以去访问。

(4)static 静态变量和 static 静态方法

1)static 静态变量。被 static 修饰的成员变量称为静态变量,又称类变量。这个变量是属于这个类的,而不属于对象。

没有被 static 修饰的成员变量称为实例变量。这个变量是属于某个具体的对象的。静态变量和实例变量的区别见表 3-1。

表 3-1　　　　　　　　　　静态变量和实例变量的区别

对比项目	静态变量	实例变量
属性	类	对象
内存空间	内存中只有一份,在类的加载过程中,JVM 为静态变量分配一次内存空间	在内存中,创建几次对象,就有几份成员变量

2)static 静态方法。被 static 修饰的方法称为静态方法,因为静态方法不属于任何实例对象,所以在静态方法内部是不能使用 this 关键字的。

(5)使用注意事项

1)在静态方法中没有 this 关键字,因为静态变量是随着类的加载而加载的,而 this 是随着对象的创建而存在的。静态变量比对象优先存在。

2)静态成员可以访问静态成员,但是不能访问非静态成员。

3)非静态成员可以访问静态成员。

2. 基本集合类 HashMap、Iterator 和 Set

(1)HashMap。HashMap 是基于哈希表的、实现 Map 接口的类。它提供所有可选的映射操作,并允许使用 null 值和 null 键。它不保证映射的顺序。另外,HashMap 是非线程安全的,也就是说在多线程的环境下,可能会存在问题。

(2)Iterator。Iterator 迭代器是一种设计模式,它是一个对象,它可以遍历并选择序列中的对象,而开发人员不需要了解该序列的底层结构。迭代器通常被称为"轻量级"对象。

Java 中 Iterator 的功能比较简单，并且只能单向移动。使用 iterator（）时要求容器返回一个 Iterator。注意：iterator（）方法是 java.lang.Iterable 接口，被 Collection 继承。使用 next（）获得序列中的下一个元素；第一次调用 Iterator 的 next（）方法时，它返回序列的第一个元素。使用 hasNext（）检查序列中是否还有元素。使用 remove（）将迭代器新返回的元素删除。

（3）Set。Set 继承于 Collection，它是集合的一种。Set 的内部实现是基于 Map 的，所以 Set 取值时不保证数据的顺序与存入时一致，并且不允许取空值、重复值。每当有新的元素存入时，Set 集合会先进行过滤。如果发现与集合中现有元素重复，就不允许添加。

操作技能

步骤 1：完成数据库连接代码的编写

具体步骤请见上一任务。

步骤 2：编写 SQL 排序代码

为了能够让 Java 根据给定的字段序列排序，在 DBConstSetup.java 类中添加 SQL 排序工具，如图 3-39 所示。

```
27  /**
28   * 返回sql语句的排序子句
29   * @param HashMap<String, String> 字段排序集合
30   * @param String sql sql语句
31   * @return String sqlOrHql语句
32   */
33  public static String getOrderByString(HashMap<String,String> orderByMap,String sqlOrHql){
34      if(orderByMap!=null){
35          if(!orderByMap.isEmpty()){
36              StringBuffer s=new StringBuffer(sqlOrHql).append(" order by ");
37              Set<String> set=orderByMap.keySet();
38              Iterator<String> iterator=set.iterator();
39              while(iterator.hasNext()) s.append(iterator.next()).append(",");
40              sqlOrHql=s.toString().substring(0,s.toString().length()-1);
41          }
42      }
43      return sqlOrHql;
44  }
```

图 3-39 添加 SQL 排序工具

步骤 3：编写 SQL 百分比过滤代码

为了能够让 Java 识别 SQL 语句中的非转义符号 %，在 DBConstSetup.java 类中添加 SQL 百分比过滤工具，如图 3-40 所示。

```
46  /**
47   * 百分比过滤
48   */
49  private static String percentFilter(String wholeString,String from,String to){
50      if(wholeString.equals(from)) wholeString=to;
51      else if(wholeString.indexOf(from)==-1);
52      else{
53          StringTokenizer st=new StringTokenizer(wholeString,from);
54          String tmpStr="";
55          while(st.hasMoreTokens()) tmpStr+=st.nextToken() + to;
56          if(tmpStr.length()>0) tmpStr=tmpStr.substring(0,tmpStr.length()-to.length());
57          if(wholeString.substring(wholeString.lastIndexOf(from)).equals(from)) tmpStr+=to;
58          wholeString=tmpStr;
59      }
60      return wholeString;
61  }
62
63  /**
64   * sql语句百分比符号过滤
65   */
66  public static String percentMarkFilter(String field){
67      field=percentFilter(field, "%", "\\%");
68      return field;
69  }
```

图 3-40　添加 SQL 百分比过滤工具

步骤 4：编写 SQL 日期转换字符串代码

为了能够让 Java 方便地将数据库日期类型转换为字符串，在 DBConstSetup.java 类中添加 SQL 日期转换字符串工具，如图 3-41 所示。

```
71  /**
72   * 日期格式输出
73   */
74  public static String getDateString(String format,java.sql.Date date){
75      String tmp="";
76      try{
77          SimpleDateFormat sdf=new SimpleDateFormat(format);
78          tmp=sdf.format(date);
79      }catch(Exception e){}
80      return tmp;
81  }
```

图 3-41　添加 SQL 日期转换字符串工具

步骤 5：编写 SQL 时间戳转换字符串代码

为了能够让 Java 方便地将数据库时间戳类型转换为字符串，在 DBConstSetup.java 类中添加 SQL 时间戳转换字符串工具，如图 3-42 所示。

以上代码在引用时如果出现红线，则代表没有引用合适的类库，可以右键单击代码区域的任意位置，在弹出的菜单中选择"Source"（资源）→"Organize Imports"（组织导入），导入缺失的类库，如图 3-43 所示。

```
83   /**
84    * 日期格式输出
85    */
86   public static String getDateString(String format,Timestamp timestamp){
87       String tmp="";
88       try{
89           java.sql.Date date=new java.sql.Date(timestamp.getTime());
90           SimpleDateFormat sdf=new SimpleDateFormat(format);
91           tmp=sdf.format(date);
92       }catch(Exception e){}
93       return tmp;
94   }
```

图 3-42 添加 SQL 时间戳转换字符串工具

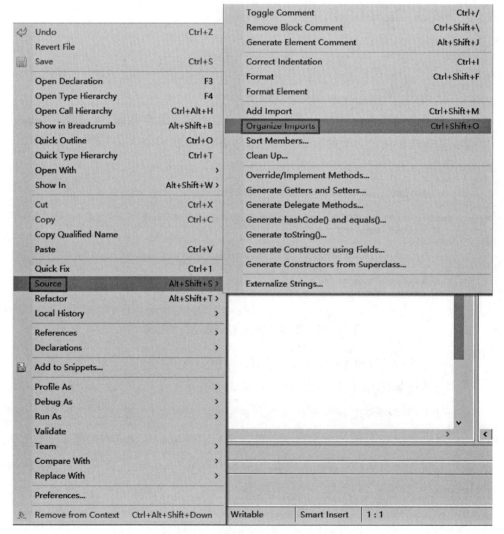

图 3-43 导入缺失类库的方法

练习与检测

根据以下代码测试 SQL 排序方法。

```
HashMap<String, String>orderByMap=new HashMap<String, String>( );
orderByMap.put ("name desc", "name desc");
String sqlOrHql="select * from users";
```

项目四　数据库接口设计与实现

学习目标

- ◆ 了解广义接口设计
- ◆ 能够编写具有查询功能的代码
- ◆ 能够编写具有增加、删除、修改功能的代码

任务 1　设计用户信息封装接口

学习导入

数据库仅仅提供 SQL 语句帮助查询、修订数据，如果每次都要写入一条 SQL 语句来检索数据，那么风险是很大的，因为有可能一个很小的语法错误就会导致检索失败。为了降低这种风险，经常将 SQL 的语句模板封装在函数接口中，而对外只暴露必要的参数。这样一方面可以降低 SQL 语句出错的风险；另一方面对于调用者来说，调用函数接口更简单、易懂，因为无须知道内部 SQL 语句是怎样的，从而提高了程序的健壮性和可读性。

知识准备

这里的广义接口是指用程序将通用的功能性函数封装起来，为调用者提供入口，调用者只要输入合理的参数即可获取反馈信息，而不用关心封装函数内部是如何实

现的。下面介绍如何编写函数将逻辑封装起来，以作为接口提供给调用者。

操作技能

步骤： 编写 UsersBean.java 代码封装用户表字段

为了能够将数据库中的记录方便地提取出来给 Java 用户使用，可以将 users 表的字段信息封装到 UsersBean.java 的类中。先新建一个包，设置名称为"oa.logic.users"，在包中新建用户信息类"UsersBean.java"，并在类中完成以下代码，如图 4-1 所示。

```java
package oa.logic.users;
import java.sql.Date;

public class UsersBean{
    public UsersBean(){super();}
    /**
     * 页面显示数据行序列
     */
    private Integer rownum=null;
    public Integer getRownum(){return rownum;}
    public void setRownum(Integer rownum){this.rownum = rownum;}
    //用户主键
    private String users_id="";
    public String getUsers_id(){return users_id;}
    public void setUsers_id(String users_id){this.users_id = users_id;}
    //姓名
    private String name="";
    public String getName(){return name;}
    public void setName(String name){this.name = name;}
    //性别
    private String gender="";
    public String getGender(){return gender;}
    public void setGender(String gender){this.gender = gender;}
    //出生日期
    private Date birthday=null;
    public Date getBirthday(){return birthday;}
    public void setBirthday(Date birthday){this.birthday = birthday;}
    private Date birthdayFrom=null;
    public Date getBirthdayFrom(){return birthdayFrom;}
    public void setBirthdayFrom(Date birthdayFrom){this.birthdayFrom = birthdayFrom;}
    private Date birthdayTo=null;
    public Date getBirthdayTo(){return birthdayTo;}
    public void setBirthdayTo(Date birthdayTo){this.birthdayTo = birthdayTo;}
    //手机号码
    private String mobile="";
    public String getMobile(){return mobile;}
    public void setMobile(String mobile){this.mobile = mobile;}
    //身份证号码
    private String idcard="";
    public String getIdcard(){return idcard;}
    public void setIdcard(String idcard){this.idcard = idcard;}
    //角色主键
    private String role_id="";
    public String getRole_id(){return role_id;}
    public void setRole_id(String role_id){this.role_id = role_id;}
    //登录名
    private String username="";
    public String getUsername(){return username;}
    public void setUsername(String username){this.username = username;}
    //密码
    private String pwd="";
    public String getPwd(){return pwd;}
    public void setPwd(String pwd){this.pwd = pwd;}
    //状态
    private String status="";
    public String getStatus(){return status;}
    public void setStatus(String status){this.status = status;}
}
```

图 4-1 编写 UsersBean.java 代码

任务 2 编写用户表 SQL 语句封装接口

学习导入

在封装数据库函数接口时，经常会得到多条数据信息。在本任务中，读者将学会通过 Java SQL 类库驱动、调用数据库，并通过 Java 集合封装数据结构。

知识准备

1. SQL 类库

数据库操作的类均在 java.sql 包中，Java 语言提供了一组接口，但没有提供实现类，这些实现类由各个数据库厂商提供。这些实现类就是驱动程序，当需要在数据库之间切换时，只要更换不同的实现类（即更换数据库驱动程序）即可。

2. List 集合

在 List 集合中，常用到 ArrayList 和 LinkedList 这两个类。其中，ArrayList 底层通过数组实现，随着元素的增加而动态扩容。而 LinkedList 底层通过链表来实现，随着元素的增加不断向链表的后端增加节点。

ArrayList 是 Java 集合框架中使用最多的一个类，它是一个数组队列，属于线程不安全集合。它继承于 AbstractList，实现 List、RandomAccess、Cloneable、Serializable 接口。ArrayList 实现 List 接口，具备 List 集合框架基础功能；ArrayList 实现 RandomAccess 接口，具备快速随机访问存储元素的功能，但 RandomAccess 是一个标记接口，没有任何方法；ArrayList 实现 Cloneable 接口，具备克隆功能，有 clone()方法；ArrayList 实现 Serializable 接口，通过序列化去传输，典型的应用是 Hessian 协议。

ArrayList 有如下特点：容量不固定，随着容量的增加而动态扩容（基本不会达到阈值）；有序集合（插入的顺序与输出的顺序相同）；插入的元素可以为 null；增加、删除、修改、查找数据的效率更高（相对于 LinkedList 来说）；线程不安全。

3. LinkedHashMap 对 SQL 字段排序的作用

LinkedHashMap 具有插入有序特性，是一种比较常用的 Map 集合。LinkedHashMap 继承了 HashMap 类，并且没有重写 put 方法，而是直接沿用了 HashMap#put 方法。HashMap#put 方法的插入过程与 HashMap 相同，也就是说，它也有散列表结构（与 HashMap 相同）。注意，尽管调用的是 HashMap#put 方法，但在这个方法中构造了一个新节点 newNode，这里 LinkedHashMap 重写了，所以调用的是 LinkedHashMap#newNode，也正是这个方法实现了对 LinkedHashMap 链表的维护。

操作技能

步骤： 编写 UsersSqlStorehouse.java 代码，为实现查询、增加、删除和修改功能做准备

（1）新建一个类封装 SQL 语句，再直接调用这个类获取数据库数据，并进一步将数据结果封装到 UsersBean.java 类中。

（2）在 oa.logic.users 包中新建 UsersSqlStorehouse.java，并在类中完成如下代码（本教材列出了排序、全记录查询、精确查询、模糊查询、新建、修改、单记录删除、多记录删除的方法），如图 4-2～图 4-6 所示。

```java
1  package oa.logic.users;
2
3  import java.util.HashMap;
4  import java.util.StringTokenizer;
5  import db.DBConstSetup;
6
7  public class UsersSqlStorehouse{
8
9      //表或视图名
10     public static String TABLE="users";
11
12     //字段升降序  排序字段根据题目要求列出即可
13     public static String USERS_ID_ASC="users_id asc";
14     public static String USERS_ID_DESC="users_id desc";
15     public static String NAME_ASC="name asc";
16     public static String NAME_DESC="name desc";
17     public static String GENDER_ASC="gender asc";
18     public static String GENDER_DESC="gender desc";
19     public static String BIRTHDAY_ASC="birthday asc";
20     public static String BIRTHDAY_DESC="birthday desc";
21     public static String MOBILE_ASC="mobile asc";
22     public static String MOBILE_DESC="mobile desc";
23     public static String IDCARD_ASC="idcard asc";
24     public static String IDCARD_DESC="idcard desc";
25     public static String ROLE_ID_ASC="role_id asc";
26     public static String ROLE_ID_DESC="role_id desc";
27     public static String USERNAME_ASC="username asc";
28     public static String USERNAME_DESC="username desc";
29     public static String PWD_ASC="pwd asc";
30     public static String PWD_DESC="pwd desc";
31     public static String STATUS_ASC="status asc";
32     public static String STATUS_DESC="status desc";
33
34     //构造函数
35     public UsersSqlStorehouse(){super();}
36
37     //返回查询所有记录的sql语句
38     public static String FOR_FIND_ALL(){
39         return new StringBuffer("select * from ")
40             .append(DBConstSetup.DATABASE_OWNER)
41             .append(".").append(TABLE).toString();
42     } 全记录查询1
```

图 4-2 UsersSqlStorehouse.java 代码片段 1

```
44  /**
45   * 返回查询所有记录的sql语句
46   * @param HashMap<String, String> 字段排序集合
47   * @return String sql语句
48   */
49  public static String FOR_FIND_ALL(HashMap<String, String> orderByMap){
50      StringBuffer sql=new StringBuffer("select * from ")
51          .append(DBConstSetup.DATABASE_OWNER).append(".").append(TABLE);
52      return sql.toString();  全记录查询2并排序
53  }
54
55  /**
56   * 返回查询主键sql语句
57   */
58  public static String FOR_FIND_BY_KEY=
59      new StringBuffer("select * from ").append(DBConstSetup.DATABASE_OWNER)
60          .append(".").append(TABLE).append(" where users_id=?").toString();
61  精确查询
62  /**
63   * 返回符合查询条件的记录sql语句
64   * @param UsersBean where条件bean
65   * @param HashMap<String, String> 字段排序集合
66   * @return String sql语句
67   */
68  public static String FOR_FIND_ALL_COLS(
69      UsersBean whereConditionsBean,HashMap<String, String> orderByMap){
70      String sql="select * from ";
71      sql=getWhereString(whereConditionsBean,sql);
72      sql=DBConstSetup.getOrderByString(orderByMap,sql);
73      return sql;
74  } 模糊查询1并排序
75
76  /**
77   * 返回符合模糊查询条件的记录sql语句
78   * @param UsersBean where条件bean
79   * @return String sql语句
80   */
81  public static String FOR_FIND_ALL_COLS(UsersBean whereConditionsBean){
82      String sql="select * from ";
83      sql=getWhereString(whereConditionsBean,sql);
84      return sql;
85  } 模糊查询2
```

图 4-3　UsersSqlStorehouse.java 代码片段 2

```java
 87   /**
 88    * 返回符合精确查询条件的记录sql语句
 89    * @param UsersBean where条件bean
 90    * @return String sql语句
 91    */
 92   public static String FOR_FIND_ALL_COLS_EQUAL(UsersBean whereConditionsBean){
 93       String sql="select * from ";
 94       sql=getEqualWhereString(whereConditionsBean,sql);
 95       return sql;
 96   } 模糊查询3
 97
 98   /**
 99    * 返回符合精确查询条件并排序的记录sql语句
100    * @param UsersBean where条件bean
101    * @param HashMap<String, String> 字段排序集合
102    * @return String sql语句
103    */
104   public static String FOR_FIND_ALL_COLS_EQUAL(
105       UsersBean whereConditionsBean,HashMap<String, String> orderByMap){
106       String sql="select * from ";
107       sql=getEqualWhereString(whereConditionsBean,sql);
108       sql=DBConstSetup.getOrderByString(orderByMap,sql);
109       return sql;
110   } 模糊查询4并排序
111
112   /**
113    * 插入记录sql语句
114    */
115   public static String FOR_INSERT=
116       new StringBuffer("insert into ").append(DBConstSetup.DATABASE_OWNER)
117       .append(".").append(TABLE)
118       .append(" (users_id,name,gender,birthday,mobile,"
119       + "idcard,role_id,username,pwd,status) values(?,?,?,?,?,?,?,?,?,?)").toString();
120   新建
121   /**
122    * 修改记录sql语句
123    */
124   public static String FOR_UPDATE=
125       new StringBuffer("update ").append(DBConstSetup.DATABASE_OWNER)
126       .append(".").append(TABLE)
127       .append(" set users_id=?,name=?,gender=?,birthday=?,mobile=?,"
128       + "idcard=?,role_id=?,username=?,pwd=?,status=? where users_id=?").toString();
129   修改
130   /**
131    * 删除记录sql语句
132    */
133   public static String FOR_DELETE=new StringBuffer("delete from ")
134       .append(DBConstSetup.DATABASE_OWNER).append(".")
135       .append(TABLE).append(" where users_id=?").toString();
136   单记录删除
137   /**
138    * 返回删除多条记录sql语句
139    * @param String ids 多条记录主键
140    * @return String sql语句
141    */
142   public static String FOR_DELETE_SELECTED(String ids){ 多记录删除
143       StringBuffer idsStr=new StringBuffer("");
144       StringTokenizer st=new StringTokenizer(ids, ",");
145       while(st.hasMoreTokens()) idsStr.append("'").append((String)st.nextToken()).append("',");
146       idsStr=new StringBuffer(idsStr.toString().substring(0,idsStr.length()-1));
147       return new StringBuffer("delete from ")
148       .append(DBConstSetup.DATABASE_OWNER).append(".").append(TABLE)
149       .append(" where users_id in(").append(idsStr.toString()).append(")").toString();
150   }
```

图 4-4 UsersSqlStorehouse.java 代码片段 3

```java
/**
 * 返回模糊查询sql语句的where子句
 * @param UsersBean 查询条件bean
 * @param String sql sql语句
 * @return String sql语句
 */
private static String getWhereString(UsersBean queryConditionsBean,String sql){
    StringBuffer s=new StringBuffer(sql).append(DBConstSetup.DATABASE_OWNER)
        .append(".").append(TABLE).append(" where 1=1 and ");
    if(queryConditionsBean.getName().trim().length()>0)
        s.append("name like '%").append(
            DBConstSetup.percentMarkFilter(queryConditionsBean.getName().trim()))
            .append("%' escape '/' and ");
    if(queryConditionsBean.getGender().trim().length()>0)
        s.append("gender like '%").append(
            DBConstSetup.percentMarkFilter(queryConditionsBean.getGender().trim()))
            .append("%' escape '/' and ");
    if(queryConditionsBean.getBirthdayFrom()!=null){
        s.append("birthday>='");
        s.append(DBConstSetup.getDateString(
            "yyyy-MM-dd",queryConditionsBean.getBirthdayFrom())).append("' and ");
    }
    if(queryConditionsBean.getBirthdayTo()!=null){
        s.append("birthday<='");
        s.append(DBConstSetup.getDateString(
            "yyyy-MM-dd",queryConditionsBean.getBirthdayTo())).append("' and ");
    }
    if(queryConditionsBean.getMobile().trim().length()>0)
        s.append("mobile like '%").append(
            DBConstSetup.percentMarkFilter(queryConditionsBean.getMobile().trim()))
            .append("%' escape '/' and ");
    if(queryConditionsBean.getIdcard().trim().length()>0)
        s.append("idcard like '%").append(
            DBConstSetup.percentMarkFilter(queryConditionsBean.getIdcard().trim()))
            .append("%' escape '/' and ");
    if(queryConditionsBean.getRole_id().trim().length()>0)
        s.append("role_id like '%").append(
            DBConstSetup.percentMarkFilter(queryConditionsBean.getRole_id().trim()))
            .append("%' escape '/' and ");
    if(queryConditionsBean.getUsername().trim().length()>0)
        s.append("username like '%").append(
            DBConstSetup.percentMarkFilter(queryConditionsBean.getUsername().trim()))
            .append("%' escape '/' and ");
    if(queryConditionsBean.getPwd().trim().length()>0)
        s.append("pwd like '%").append(
            DBConstSetup.percentMarkFilter(queryConditionsBean.getPwd().trim()))
            .append("%' escape '/' and ");
    if(queryConditionsBean.getStatus().trim().length()>0)
        s.append("status like '%").append(
            DBConstSetup.percentMarkFilter(queryConditionsBean.getStatus().trim()))
            .append("%' escape '/' and ");
    sql=s.toString().substring(0,s.toString().length()-5);
    return sql;
}
```

模糊查询条件字段根据题目要求列出即可

图 4-5　UsersSqlStorehouse.java 代码片段 4

```java
/**
 * 返回精确查询sql语句的where子句
 * @param UsersBean 查询条件bean
 * @param String sql sql语句
 * @return String sql语句
 */
private static String getEqualWhereString(UsersBean queryConditionsBean,String sql){
    StringBuffer s=new StringBuffer(sql).append(
        DBConstSetup.DATABASE_OWNER).append(".").append(TABLE).append(" where 1=1 and ");
    if(queryConditionsBean.getName().trim().length()>0)
        s.append("name = '").append(
            DBConstSetup.percentMarkFilter(queryConditionsBean.getName().trim()))
        .append("' and ");
    if(queryConditionsBean.getGender().trim().length()>0)
        s.append("gender = '").append(
            DBConstSetup.percentMarkFilter(queryConditionsBean.getGender().trim()))
        .append("' and ");
    if(queryConditionsBean.getBirthdayFrom()!=null){
        s.append("birthday>='");
        s.append(DBConstSetup.getDateString(
            "yyyy-MM-dd",queryConditionsBean.getBirthdayFrom())).append("' and ");
    }
    if(queryConditionsBean.getBirthdayTo()!=null){
        s.append("birthday<='");
        s.append(DBConstSetup.getDateString(
            "yyyy-MM-dd",queryConditionsBean.getBirthdayTo())).append("' and ");
    }
    if(queryConditionsBean.getMobile().trim().length()>0)
        s.append("mobile = '").append(
            DBConstSetup.percentMarkFilter(queryConditionsBean.getMobile().trim()))
        .append("' and ");
    if(queryConditionsBean.getIdcard().trim().length()>0)
        s.append("idcard = '").append(
            DBConstSetup.percentMarkFilter(queryConditionsBean.getIdcard().trim()))
        .append("' and ");
    if(queryConditionsBean.getRole_id().trim().length()>0)
        s.append("role_id = '").append(
            DBConstSetup.percentMarkFilter(queryConditionsBean.getRole_id().trim()))
        .append("' and ");
    if(queryConditionsBean.getUsername().trim().length()>0)
        s.append("username = '").append(
            DBConstSetup.percentMarkFilter(queryConditionsBean.getUsername().trim()))
        .append("' and ");
    if(queryConditionsBean.getPwd().trim().length()>0)
        s.append("pwd = '").append(
            DBConstSetup.percentMarkFilter(queryConditionsBean.getPwd().trim()))
        .append("' and ");
    if(queryConditionsBean.getStatus().trim().length()>0)
        s.append("status = '").append(
            DBConstSetup.percentMarkFilter(queryConditionsBean.getStatus().trim()))
        .append("' and ");
    sql=s.toString().substring(0,s.toString().length()-5);
    return sql;
}
```

精确查询条件字段根据题目要求列出即可

图 4-6　UsersSqlStorehouse.java 代码片段 5

任务 3　实现数据库接口的调用

学习导入

数据库接口可划分为 SQL 仓库类、SQL 仓库类的调用类和数据库表字段的封装类，通过本任务的学习，读者可以掌握数据库接口的调用方法。

知识准备

CURD 是数据库技术中的一个缩写词，它代表创建（create）、更新（update）、读取（retrieve）和删除（delete），是处理数据的基本原子操作。一般的项目开发中，各参数的基本功能都是 CURD。CURD 操作通常是使用关系型数据库系统中的 SQL 完成的。由于 Web 变得更加具有面向数据的特性，因此需要从基于 SQL 的 CURD 操作转移到基于语义 Web 的 CURD 操作。

本任务将调用 Java 的 SQL 类库完成用户表数据的 CURD 编写，并封装到 UsersSqlStorehouse.java 类中。

操作技能

步骤：编写 UsersJDO.java 代码，调用 UsersSqlStorehouse.java 完成查询、增加、删除和修改功能

UsersJDO.java 类负责连接数据库，调用 UsersSqlStorehouse.java 类完成对数据库的查询、新建、删除、修改。如果是查询单个用户记录，则将查询记录封装到 UsersBean.java 类中，返回单个用户的信息；如果是查询多个用户记录，则通过 List 接口封装多个 UsersBean.java 类，以达到获取多条数据查询记录的目的。对应 UsersSqlStorehouse.java 类，也生成了相应的方法，请读者根据具体要求封装、调用 UsersSqlStorehouse.java 类。完整的代码如图 4-7～图 4-13 所示。

```java
1  package oa.logic.users;
2
3  import java.sql.Connection;
4  import java.sql.PreparedStatement;
5  import java.sql.ResultSet;
6  import java.sql.SQLException;
7  import java.sql.Types;
8  import java.util.ArrayList;
9  import java.util.LinkedHashMap;
10 import java.util.List;
11 import db.DBConstSetup;
12
13 public class UsersJDO {
14
15     public UsersJDO(){super();}
16
17     /**
18      * 得到数据表单条记录对应的bean
19      * @param rs
20      * @return UsersBean
21      */
22     private UsersBean getRsBeanCommon(ResultSet rs,Integer rownum){
23         UsersBean usersBean=null;
24         try{
25             usersBean=new UsersBean();
26             usersBean.setRownum(rownum);
27             usersBean.setUsers_id(rs.getString("users_id"));
28             if(rs.getString("name")==null) usersBean.setName("");
29             else usersBean.setName(rs.getString("name"));
30             if(rs.getString("gender")==null) usersBean.setGender("");
31             else usersBean.setGender(rs.getString("gender"));
32             if(rs.getDate("birthday")==null) usersBean.setBirthday(null);
33             else usersBean.setBirthday(rs.getDate("birthday"));
34             if(rs.getString("mobile")==null) usersBean.setMobile("");
35             else usersBean.setMobile(rs.getString("mobile"));
36             if(rs.getString("idcard")==null) usersBean.setIdcard("");
37             else usersBean.setIdcard(rs.getString("idcard"));
38             if(rs.getString("role_id")==null) usersBean.setRole_id("");
39             else usersBean.setRole_id(rs.getString("role_id"));
40             if(rs.getString("username")==null) usersBean.setUsername("");
41             else usersBean.setUsername(rs.getString("username"));
42             if(rs.getString("pwd")==null) usersBean.setPwd("");
43             else usersBean.setPwd(rs.getString("pwd"));
44             if(rs.getString("status")==null) usersBean.setStatus("");
45             else usersBean.setStatus(rs.getString("status"));
46         }catch(SQLException e){
47             e.getMessage();
48             usersBean = null;
49         }
50         return usersBean;
51     }
```

图 4-7　UsersJDO.java 代码片段 1

```java
/**
 * 一次插入多条记录
 * @param usersBeanList
 */
private void insertMutilRecorders(List<UsersBean> usersBeanList, String sql){
    Connection con=DBConstSetup.getDBConnection();
    PreparedStatement pstmt=null;
    UsersBean usersBean=null;
    try{
        pstmt = con.prepareStatement(sql);
        for(int i=0;i<usersBeanList.size();i++){
            usersBean=usersBeanList.get(i);
            pstmt.setString(1, usersBean.getUsers_id());
            if(usersBean.getName()==null) pstmt.setNull(2,Types.VARCHAR);
            else if(usersBean.getName().toString().length()==0) pstmt.setNull(2,Types.VARCHAR);
            else pstmt.setString(2,usersBean.getName());
            if(usersBean.getGender()==null) pstmt.setNull(3,Types.VARCHAR);
            else if(usersBean.getGender().toString().length()==0) pstmt.setNull(3,Types.VARCHAR);
            else pstmt.setString(3,usersBean.getGender());
            if(usersBean.getBirthday()==null) pstmt.setNull(4,Types.DATE);
            else if(usersBean.getBirthday().toString().length()==0) pstmt.setNull(4,Types.DATE);
            else pstmt.setDate(4,usersBean.getBirthday());
            if(usersBean.getMobile()==null) pstmt.setNull(5,Types.VARCHAR);
            else if(usersBean.getMobile().toString().length()==0) pstmt.setNull(5,Types.VARCHAR);
            else pstmt.setString(5,usersBean.getMobile());
            if(usersBean.getIdcard()==null) pstmt.setNull(6,Types.VARCHAR);
            else if(usersBean.getIdcard().toString().length()==0) pstmt.setNull(6,Types.VARCHAR);
            else pstmt.setString(6,usersBean.getIdcard());
            if(usersBean.getRole_id()==null) pstmt.setNull(7,Types.VARCHAR);
            else if(usersBean.getRole_id().toString().length()==0) pstmt.setNull(7,Types.VARCHAR);
            else pstmt.setString(7,usersBean.getRole_id());
            if(usersBean.getUsername()==null) pstmt.setNull(8,Types.VARCHAR);
            else if(usersBean.getUsername().toString().length()==0) pstmt.setNull(8,Types.VARCHAR);
            else pstmt.setString(8,usersBean.getUsername());
            if(usersBean.getPwd()==null) pstmt.setNull(9,Types.VARCHAR);
            else if(usersBean.getPwd().toString().length()==0) pstmt.setNull(9,Types.VARCHAR);
            else pstmt.setString(9,usersBean.getPwd());
            if(usersBean.getStatus()==null) pstmt.setNull(10,Types.VARCHAR);
            else if(usersBean.getStatus().toString().length()==0) pstmt.setNull(10,Types.VARCHAR);
            else pstmt.setString(10,usersBean.getStatus());
            pstmt.executeUpdate();
        }
    }catch(SQLException e){
        e.getMessage();
    }finally{
        try{
            pstmt.close();
        }catch(SQLException e){
            e.getMessage();
        }
    }
}
```

图 4-8　UsersJDO.java 代码片段 2

```java
106  /**
107   * 新建和更新记录的通用方法
108   * @param usersBean
109   * @param sql
110   * @param type=update insert
111   */
112  private String insertOrUpdateCommon(UsersBean usersBean,String sql,String type){
113      String errorMsg="";
114      Connection con=DBConstSetup.getDBConnection();
115      PreparedStatement pstmt=null;
116      try{
117          pstmt=con.prepareStatement(sql);
118          pstmt.setString(1,usersBean.getUsers_id());
119          if(usersBean.getName()==null) pstmt.setNull(2,Types.VARCHAR);
120          else if(usersBean.getName().toString().length()==0) pstmt.setNull(2,Types.VARCHAR);
121          else pstmt.setString(2,usersBean.getName());
122          if(usersBean.getGender()==null) pstmt.setNull(3,Types.VARCHAR);
123          else if(usersBean.getGender().toString().length()==0) pstmt.setNull(3,Types.VARCHAR);
124          else pstmt.setString(3,usersBean.getGender());
125          if(usersBean.getBirthday()==null) pstmt.setNull(4,Types.DATE);
126          else if(usersBean.getBirthday().toString().length()==0) pstmt.setNull(4,Types.DATE);
127          else pstmt.setDate(4,usersBean.getBirthday());
128          if(usersBean.getMobile()==null) pstmt.setNull(5,Types.VARCHAR);
129          else if(usersBean.getMobile().toString().length()==0) pstmt.setNull(5,Types.VARCHAR);
130          else pstmt.setString(5,usersBean.getMobile());
131          if(usersBean.getIdcard()==null) pstmt.setNull(6,Types.VARCHAR);
132          else if(usersBean.getIdcard().toString().length()==0) pstmt.setNull(6,Types.VARCHAR);
133          else pstmt.setString(6,usersBean.getIdcard());
134          if(usersBean.getRole_id()==null) pstmt.setNull(7,Types.VARCHAR);
135          else if(usersBean.getRole_id().toString().length()==0) pstmt.setNull(7,Types.VARCHAR);
136          else pstmt.setString(7,usersBean.getRole_id());
137          if(usersBean.getUsername()==null) pstmt.setNull(8,Types.VARCHAR);
138          else if(usersBean.getUsername().toString().length()==0) pstmt.setNull(8,Types.VARCHAR);
139          else pstmt.setString(8,usersBean.getUsername());
140          if(usersBean.getPwd()==null) pstmt.setNull(9,Types.VARCHAR);
141          else if(usersBean.getPwd().toString().length()==0) pstmt.setNull(9,Types.VARCHAR);
142          else pstmt.setString(9,usersBean.getPwd());
143          if(usersBean.getStatus()==null) pstmt.setNull(10,Types.VARCHAR);
144          else if(usersBean.getStatus().toString().length()==0) pstmt.setNull(10,Types.VARCHAR);
145          else pstmt.setString(10,usersBean.getStatus());
146          if(type.equals("update")) pstmt.setString(11,usersBean.getUsers_id());
147          pstmt.executeUpdate();
148      }catch(SQLException e){
149          errorMsg="ERROR" + e.getMessage();
150          e.getMessage();
151      }finally{
152          try{
153              pstmt.close();
154          }catch(SQLException e){
155              e.getMessage();
156          }
157      }
158      return errorMsg;
159  }
```

图 4-9　UsersJDO.java 代码片段 3

```java
    /**
     * 返回记录集合的通用方法
     * @param sql
     * @return List
     */
    private List<UsersBean> getRecordsListCommon(String sql){
        List<UsersBean> dataList=new ArrayList<UsersBean>();
        Connection con=DBConstSetup.getDBConnection();
        PreparedStatement pstmt=null;
        ResultSet rs=null;
        try{
            pstmt=con.prepareStatement(sql);
            rs=pstmt.executeQuery();
            int i=0;
            while(rs.next()){
                i++;
                UsersBean usersBean=getRsBeanCommon(rs,new Integer(i));
                if (usersBean == null) return null;
                dataList.add(usersBean);
            }
        }catch(SQLException e){
            e.getMessage();
        }finally{
            try{
                rs.close();
                pstmt.close();
                con.close();
            }catch(SQLException e){
                e.getMessage();
            }
        }
        return dataList;
    }

    /**
     * 返回查询的Users单条记录bean
     * @param key=主键
     * @return UsersBean
     */
    public UsersBean findByKey(String key){
        UsersBean usersBean=new UsersBean();
        usersBean.setUsers_id(key);
        String sql=UsersSqlStorehouse.FOR_FIND_BY_KEY;
        Connection con=DBConstSetup.getDBConnection();
        PreparedStatement pstmt=null;
        ResultSet rs=null;
        try{
            pstmt=con.prepareStatement(sql);
            pstmt.setString(1,usersBean.getUsers_id());
            rs=pstmt.executeQuery();
            while(rs.next()){
                usersBean=getRsBeanCommon(rs,new Integer(1));
                break;
            }
        }catch(SQLException e){
            e.getMessage();
        }finally{
            try{
                rs.close();
                pstmt.close();
                con.close();
            }catch(SQLException e){e.getMessage();}}
        return usersBean;
    }
```

图 4-10　UsersJDO.java 代码片段 4

```java
/**
 * 得到查询记录集合，忽略主键作为查询条件
 * @param orderByMap
 * @param usersQueryConditionsBean
 * @return List
 */
public List<UsersBean> finder(
    LinkedHashMap<String, String> orderByMap,UsersBean queryConditionsBean){
    String sql=UsersSqlStorehouse.FOR_FIND_ALL_COLS(queryConditionsBean,orderByMap);
    List<UsersBean> list = null;
    while (list == null) list = getRecordsListCommon(sql);
    return list;
}

/**
 * 得到无排序和分页范围的查询记录集合，忽略主键作为查询条件
 * @param usersQueryConditionsBean
 * @return List
 */
public List<UsersBean> finder(UsersBean usersQueryConditionsBean){
    String sql=UsersSqlStorehouse.FOR_FIND_ALL_COLS(usersQueryConditionsBean);
    List<UsersBean> list = null;
    while (list == null) list = getRecordsListCommon(sql);
    return list;
}

/**
 * 得到排序查询记录集合，忽略主键作为查询条件,非like组合用法
 * @param orderByMap
 * @param usersQueryConditionsBean
 * @return List
 */
public List<UsersBean> finderEqual(
    LinkedHashMap<String, String> orderByMap,UsersBean usersQueryConditionsBean){
    String sql=UsersSqlStorehouse.FOR_FIND_ALL_COLS_EQUAL(usersQueryConditionsBean,orderByMap);
    List<UsersBean> list = null;
    while (list == null) list = getRecordsListCommon(sql);
    return list;
}

/**
 * 得到无排序查询记录集合，忽略主键作为查询条件,非like组合用法
 * @param usersQueryConditionsBean
 * @return List
 */
public List<UsersBean> finderEqual(UsersBean usersQueryConditionsBean){
    String sql=UsersSqlStorehouse.FOR_FIND_ALL_COLS_EQUAL(usersQueryConditionsBean);
    List<UsersBean> list = null;
    while (list == null) list = getRecordsListCommon(sql);
    return list;
}

/**
 * 得到全部记录
 * @return List
 */
public List<UsersBean> findByAll(){
    String sql=UsersSqlStorehouse.FOR_FIND_ALL();
    List<UsersBean> list = null;
    while (list == null) list = getRecordsListCommon(sql);
    return list;
}
```

图 4-11　UsersJDO.java 代码片段 5

```
289  /**
290   * 得到指定页的全部记录
291   * @param orderByMap
292   * @param start
293   * @param range
294   * @return List
295   */
296  public List<UsersBean> findByAll(LinkedHashMap<String, String> orderByMap){
297      String sql=UsersSqlStorehouse.FOR_FIND_ALL(orderByMap);
298      List<UsersBean> list = null;
299      while (list == null) list = getRecordsListCommon(sql);
300      return list;
301  }
302
303  /**
304   * 删除记录
305   * @param key=主键
306   */
307  public void delete(String key){
308      UsersBean usersBean=new UsersBean();
309      usersBean.setUsers_id(key);
310      String sql=UsersSqlStorehouse.FOR_DELETE;
311      Connection con=DBConstSetup.getDBConnection();
312      PreparedStatement pstmt=null;
313      try{
314          pstmt=con.prepareStatement(sql);
315          pstmt.setString(1,usersBean.getUsers_id());
316          pstmt.executeUpdate();
317      }catch(SQLException e){
318          e.getMessage();
319      }finally{
320          try{
321              pstmt.close();
322          }catch(SQLException e){
323              e.getMessage();
324          }
325      }
326  }
327
328  /**
329   * 删除多条记录
330   * @param ids 以逗号分割的String主键串
331   */
332  public void deleteSelected(String ids){
333      String sql=UsersSqlStorehouse.FOR_DELETE_SELECTED(ids);
334      Connection con=DBConstSetup.getDBConnection();
335      PreparedStatement pstmt=null;
336      try{
337          pstmt=con.prepareStatement(sql);
338          pstmt.executeUpdate();
339      }catch(SQLException e){
340          e.getMessage();
341      }finally{
342          try{
343              pstmt.close();
344              con.close();
345          }catch(SQLException e){
346              e.getMessage();
347          }
348      }
349  }
```

图 4-12　UsersJDO.java 代码片段 6

```
351   /**
352    * 更新记录
353    * @param usersBean
354    */
355   public String update(UsersBean usersBean){
356       String sql=UsersSqlStorehouse.FOR_UPDATE;
357       return insertOrUpdateCommon(usersBean,sql,"update");
358   }
359
360   /**
361    * 新建记录
362    * @param usersBean
363    * @return 插入记录的主键
364    */
365   public String insert(UsersBean usersBean){
366       String sql=UsersSqlStorehouse.FOR_INSERT;
367       String errorMsg=insertOrUpdateCommon(usersBean,sql,"insert");
368       if(errorMsg.length()==0) return usersBean.getUsers_id();
369       else return errorMsg;
370   }
371
372   /**
373    * 一次插入多条记录
374    * @param usersBeanList
375    */
376   public void insertMutilRecorders(List<UsersBean> usersBeanList){
377       String sql = UsersSqlStorehouse.FOR_INSERT;
378       insertMutilRecorders(usersBeanList, sql);
379   }
380   }
```

图 4-13　UsersJDO.java 代码片段 7

练习与检测

编写 Test.java 测试类调用 UsersJDO.java，测试查询、增加、删除和修改的功能，实现函数接口的调用。

项目五　登录功能和欢迎面板功能导入

学习目标

- ◆ 能够导入已开发的功能模块代码
- ◆ 能够编写具有导入功能的代码并运行

任务 1　导入登录功能模板

学习导入

任何商务软件系统都有登录功能，通过本任务的学习，读者能够将已有的功能模块导入开发环境中，从而大大节省开发时间。为了打造一个精细化的商务软件系统，知识准备中引入了 BootStrap 框架、JavaScript 前端脚本、AJAX 技术、Servlet 技术的基本知识。

知识准备

1. BootStrap 框架

BootStrap 是美国 Twitter（推特）公司的设计师 Mark Otto（马克·奥托）和 Jacob Thornton（雅各布·桑顿）基于 HTML（超文本标记语言）、CSS（层叠样式表）、

JavaScript 合作开发的简洁、直观、强悍的前端开发框架，它的出现使 Web 开发更加快捷。BootStrap 提供了优雅的 HTML 和 CSS 规范，它由动态样式语言 LESS 写成。BootStrap 一经推出大受欢迎，一直是 github（一个面向开源及私有软件项目的托管平台，只支持 git 作为唯一的版本库格式进行托管）上的热门开源项目。国内一些移动开发者较为熟悉的框架，如 WeX5 前端开源框架等，就是基于 BootStrap 源码开发出来的。

BootStrap 提供了一个带有网格系统、链接样式、背景的基本结构。BootStrap 自带全局的 CSS 设置、基本的 HTML 元素样式、可扩展的 CLASS 和先进的网格系统。BootStrap 包含十几个可重复使用的组件，用来创建图标、菜单、警告框、弹出框等。BootStrap 包含十几个自定义的 jQuery 插件。开发者可以定制 BootStrap 组件、LESS 变量和 jQuery 插件来得到自己的版本。

2. JavaScript 前端脚本

JavaScript（简称 JS）是一种具有函数优先性质的轻量级解释性或即时编译性编程语言。虽然它主要用来开发 Web 页面，但是它也常用在很多非浏览器环境中。JavaScript 支持面向对象编程、命令式编程和声明式编程。

JavaScript 的外观看起来像 Java，但实际上它的语法风格与 Self 及 Scheme 较为接近。

ECMAScript 是形成 JavaScript 语言基础的脚本语言。所有浏览器都完整地支持 ECMAScript 5.1，旧版本的浏览器至少支持 ECMAScript 3 标准。

JavaScript 是一种属于网络的脚本语言，常用来为网页添加各式各样的动态功能，为用户提供更流畅、美观的浏览效果。JavaScript 的基本特点如下：代码不进行预编译；主要用来在 HTML 页面添加交互行为；可以直接嵌入 HTML 页面，但写成单独的 JS 文件有利于结构和行为的分离；在大多数浏览器的支持下，可以在多种平台下运行（如 Windows、Linux、Mac OS、Android、iOS 等）。

JavaScript 脚本语言同其他语言一样，有自身的数据类型、表达式、算术运算符和基本程序框架。JavaScript 提供四种基本数据类型和两种特殊数据类型，用来处理数据和文字；其表达式则可以完成较复杂的信息处理工作。

3. AJAX 技术

AJAX 的全称是 asynchronous JavaScript and XML，意思是异步 JavaScript 和 XML，

这里 XML 是指可扩展标志语言。AJAX 是一种在无须重新加载整个网页的情况下，能够更新部分网页的技术。AJAX 常用于创建快速动态网页，通过在后端与服务器进行少量数据交换，AJAX 可以使网页实现异步更新。而传统的网页（不使用 AJAX 技术）如果需要更新内容，必须重新加载整个网页。应用 AJAX 时，可使用以下浏览器作为运行平台：Mozilla、Firefox（火狐）、Internet Explorer、Opera、Konqueror 及 Safari。注意，Opera 不支持 XSL（extensible stylesheet language，可扩展样式表语言）和 XSLT（extensible stylesheet language transformations，可扩展样式表转换语言）。

AJAX 现有直接框架 AjaxPro，可以引入 AjaxPro.2.dll 文件，直接在前端页面调用后端页面，但此框架与 FORM 表单验证有冲突。微软操作系统也引入了 AJAX 组件，需要添加 AjaxControlToolkit.dll 文件，可以在控件列表中出现相关控件。

AJAX 的优点：页面无刷新，用户体验好；使用异步方式与服务器通信，响应速度快；把以前一些服务器负担的工作转移到客户端，利用客户端来处理，减轻服务器和带宽的负担，节约空间和宽带租用成本；不需要下载插件或者小程序；使互联网应用程序更小、更快、更友好。

AJAX 的缺点：不支持浏览器 back（后退）按钮；暴露了与服务器交互的细节，存在安全问题；对搜索引擎的支持比较弱；破坏了程序的异常机制；不容易调试。

4. Servlet 技术

Servlet 是一种服务器端的 Java 应用程序，具有独立于平台和协议的特性，主要用于交互式地浏览和生成数据，以及生成动态 Web 内容。狭义的 Servlet 是指 Java 语言实现的一个接口，广义的 Servlet 是指任何实现了这个 Servlet 接口的类。一般情况下，人们将 Servlet 理解为后者。Servlet 运行于支持 Java 的服务器中。从原理上讲，Servlet 可以响应任何类型的请求，但绝大多数情况下，Servlet 只用来扩展基于 HTTP（hypertext transfer protocol，超文本传送协议）的 Web 服务器。下面主要介绍 Servlet 和 JSP 的区别。首先，从运作原理层面来分析两者的区别。虽然 Servlet 功能比较强大，体系设计也很先进，但是它输出 HTML 语句的方式是一句一句输出，所以在编写和修改 HTML 时非常不方便。JSP 是一种实现普通静态 HTML 和动态 HTML 混合编码的技术，在 JSP 中编写静态 HTML 更加方便，不必再用 println 语句来输出每一行 HTML 代码。更重要的是，JSP 可以实现内容和外观的分离，在制作页面时使不同性质的任务可以方便地分开执行，如由页面设计者进行 HTML 设计，同时留出供

Servlet 程序员插入动态内容的空间。JSP 作为嵌入式语言，大大简化和方便了网页的设计和修改。

其次，从三层网络结构的层面来分析两者的区别。一个网络项目最少分三层：data layer（数据层）、business layer（业务层）和 presentation layer（表现层）。Servlet 用来写 business layer 是很强大的，但是用来写 presentation layer 就很不方便。而 JSP 则主要是为了方便写 presentation layer 而设计的，当然也可以写 business layer。根据相关推荐，JSP 中应该仅存放与 presentation layer 有关的内容，也就是说，只存放输出 HTML 网页的部分。而所有的数据计算、数据分析、数据库连接处理统统是属于 business layer 的，应该放在 JavaBeans 中。通过 JSP 调用 JavaBeans，实现两层的整合。

操作技能

步骤 1：导入"mvc"素材模板库

具体请参考项目三任务 1 的相关操作。

步骤 2：导入"login.jsp"文件

从配套素材目录中将"login.jsp"文件拖拽至"WebContent"的"mvc"目录中，如图 5-1 所示。

步骤 3：导入 AJAX 实现类和 Servlet 跳转实现类

在"src"中新建三个包，名称分别为"ajax""servlet""oa.logic.roles"，将配套素材中的"ValidateFoundation.java"拖拽到"ajax"包中，将"InitServlet.java""LoginServlet.java""ValidationServlet.java"拖拽到"servlet"包中，将"RolesBean.java""RolesJDO.java""RolesSqlStorehouse.java"拖拽到"oa.logic.roles"包中，如图 5-2 所示。

步骤 4：导入并覆盖"web.xml"，实现 ValidationServlet 类的配置部署和 login.jsp 的首页设置

在配套素材目录中将"web.xml"文件拖拽至"WebContent"目录中，并覆盖"WEB-INF"子目录，如图 5-3 所示。

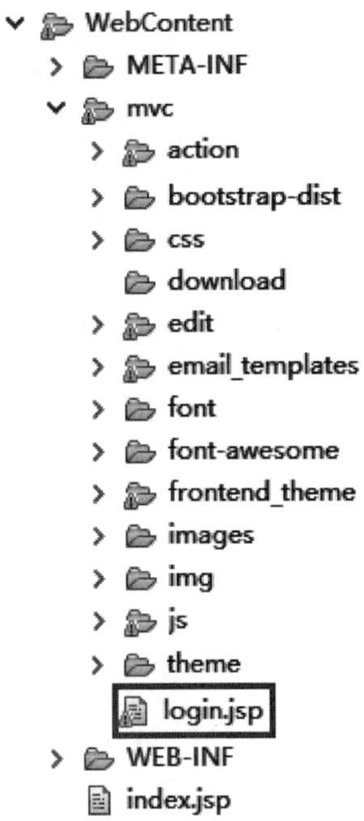

图 5-1　导入"login.jsp"文件 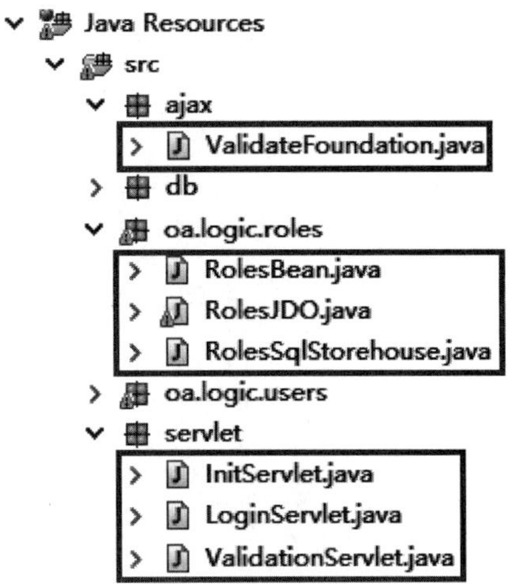　　图 5-2　导入 AJAX 实现类和 Servlet 跳转实现类

图 5-3　导入"web.xml"

步骤 5：导入文件作用说明（见表 5-1）

表 5-1　　　　　　　　　　　文件作用说明 1

文件名	作用说明
login.jsp	显示系统首页，完成登录验证和跳转到 index.jsp 页面的功能
RolesBean.java	封装 roles 角色表信息
RolesSqlStorehouse.java	封装、调用 roles 角色表的 SQL 语句接口
RolesJDO.java	封装 roles 角色表的查询、新建、修改和删除功能
InitServlet.java	系统启动时，将角色表信息初始化并装载到内存，以便在需要时快速获取角色信息，而不用每次都访问数据库来得到角色信息
LoginServlet.java	通过 Servlet 技术跳转到 login.jsp 页面
ValidationServlet.java	实现前端页面和后端 Java 代码，进行 AJAX 通信

续表

文件名	作用说明
ValidateFoundation.java	根据 AJAX 传递过来的信息实现对应业务功能的处理，在此基础上实现登录验证，即验证传递过来的用户名和密码是否存在于数据库的 users 表中，并在存在的情况下进行判断，只有 status 为在职状态时才能登录
web.xml	实现 ValidationServlet.java 类的 Servlet 的 XML 配置，在 LoginServlet.java 类中使用注解配置

更多细节可以查看文件代码中的注释。

步骤6：测试登录功能

启动 Tomcat 服务器，具体操作如图 5-4 所示。

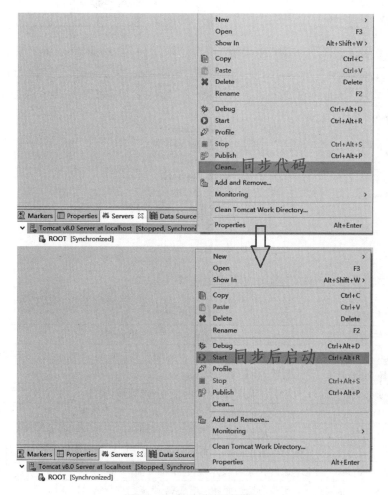

图 5-4　同步代码并启动

打开浏览器并输入地址"http://localhost:8080",进入登录页面,如图5-5所示。

图5-5 登录页面

首先输入错误的账户信息,如账号admin、密码1234,检测后端数据验证情况,验证结果如图5-6所示。

图5-6 错误账户的验证情况

然后输入正确的账号和密码,登录成功,如图5-7所示。

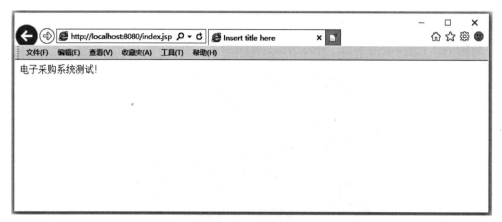

图 5-7　登录成功

任务 2　导入欢迎面板功能模板

学习导入

本任务主要介绍如何导入欢迎面板功能，同时引入 JSTL 前端标记语言的相关知识，为后续开发系统页面 HTML 控件、动态绑定和显示数据库信息做好铺垫。

知识准备

JSTL（Java server pages standard tag library，JSP 标准标签库）是由 JCP（Java community process，Java 社区进程）所制定的标准规范，它主要为 Java Web 开发人员提供标准通用的标签库。开发人员可以利用这些标签代替 JSP 页面上的 Java 代码，从而提高程序的可读性，降低程序的维护难度。

1. JSTL 的目标

JSTL 的目标是简化 JSP 页面的设计。JSTL 是基于 JSP 页面的，这些标签可以插入 JSP 代码中。这些标签封装了不同的功能，在页面上调用标签就等于调用了封装起来的功能。对于页面设计人员来说，使用脚本语言操作动态数据是比较困难的，而采用标签和表达式语言则相对容易，JSTL 的应用为页面设计人员和程序开发人员的分工协作提供了便利。

2. JSTL 的作用

JSTL 的作用是减少 JSP 文件的 Java 代码，使 Java 代码与 HTML 代码分离，所以 JSTL 标签库符合 MVC（model-view-controller，模型 - 视图 - 控制器模式）设计理念。MVC 设计理念的优势是将数据处理、数据显示和动作控制三者分离。

3. JSTL 的优点

JSTL 的优点如下：简化了 JSP 和 Web 应用程序的开发过程；在应用程序服务器之间提供了一致的接口，便于 Web 应用程序在各服务器之间的移动；允许 JSP 设计工具与 Web 应用程序进一步集成；以一种统一的方式减少了 JSP 中 Scriptlets 代码的数量，甚至可以达到程序中没有任何 Scriptlets 代码。

4. JSTL 封装的常用功能

JSTL 封装了 JSP 开发中的常用功能。例如，在没有 JSTL 时，通过 Scriptlets 来迭代输出某个 List（Set）；有了 JSTL，就可以使用它的一系列 Tag（标签）进行迭代输出。最新的 Web 容器都会支持 JSTL。

操作技能

步骤 1：导入"panel.jsp"页面

在"WebContent"目录的"mvc"子目录下新建下一级子目录，取名为"panel"，并将配套素材中的"panel.jsp"页面文件拖拽到"panel"目录中，如图 5-8 所示。

步骤 2：导入 JSP 页面的公共代码

将配套素材中的"foot.jsp""head.jsp""sidebar.jsp"拖拽到"mvc"的下一级子目录"users"中，如图 5-9 所示。

步骤 3：导入 JSP 页面跳转的 Servlet 类

将配套素材中的"PanelServlet.java""SidebarServlet.java"拖拽到"src"的"servlet"包中，如图 5-10 所示。

商务软件开发

图 5-8 导入"panel.jsp"页面 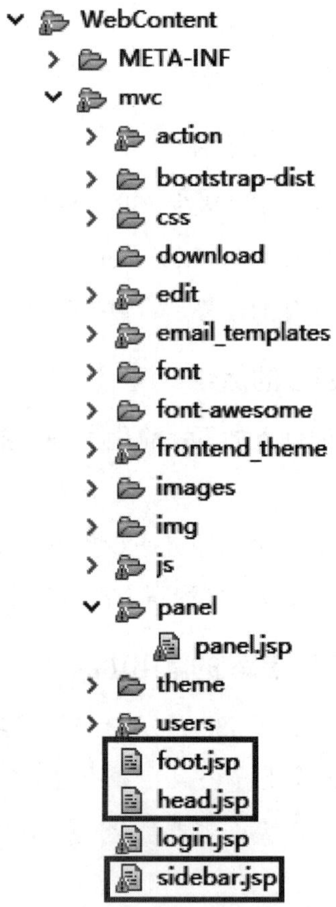　　图 5-9 导入 JSP 页面的公共代码

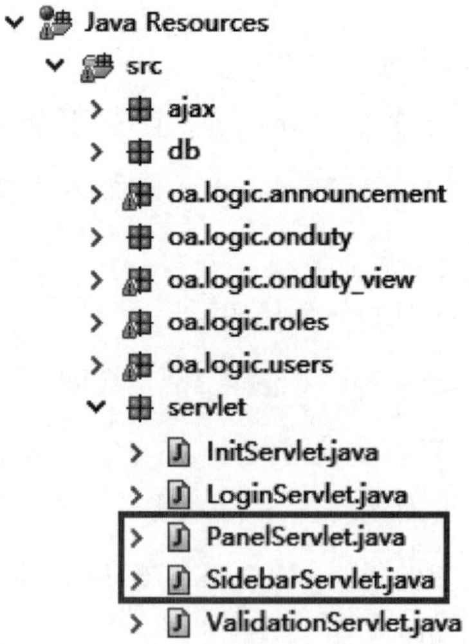

图 5-10 导入 JSP 页面跳转的 Servlet 类

步骤4：修改代码，从登录页面跳转到欢迎面板页面

打开 login.jsp 页面，在 AJAX 代码处将"index.jsp"（见图 5-11）改成"Panel"。

```
74      $.ajax({
75          url:"ValidationServlet",//调用ValidationServlet.java无刷新传递用户名和密码到服务器
76          type:"POST",//采用post提交机制
77          data:{
78              index:"99",//ValidateFoundation.java中的validate方法的switch语句case为99的逻辑被调用
79              returnFlag:"false",//只返回到login.jsp页面true和false的验证结果
80              data:username+"|"+pwd,//以竖线连接用户名和密码作为一个data参数传递
81          },
82          timeout:30000,//如果在30秒中后台无响应则视为调用失败
83          success:function(data){//当响应标记为success时
84              data=data.replace("\r\n","");//去除服务器传递过来的数据最后的回车换行符号
85              //如果验证结果为true则视为用户名和密码验证成功，跳转到index.jsp首页   改成Panel
86              if(data=="true") window.location.href='<%=basePath%>index.jsp';
87              else{
88                  //如果验证结果为false则视为用户名和密码验证失败，提示用户错误信息
89                  alert("用户或密码错误，请重新再试！");
90                  HideDiv('fade');//隐藏遮罩层以便用户再次输入用户名和密码
91              }
92          },
93          error:function(){//当响应标记为error时
94              alert('ajax调用异常');//提示服务器调用异常
95          }
96      });
```

图 5-11 修改 AJAX 代码

步骤5：导入文件作用说明（见表 5-2）

表 5-2　　　　　　　　　文件作用说明 2

文件名	作用说明
panel.jsp	欢迎页面
foot.jsp	通用页脚页面，包括 js 脚本引入
head.jsp	通用页眉页面，包括 css 演示引入
sidebar.jsp	通用边栏和顶部信息展示页面
PanelServlet.java	通过 Servlet 技术跳转到 panel.jsp 页面
SidebarServlet.java	通过 Servlet 技术跳转到 sidebar.jsp 页面

更多细节可以查看文件代码中的注释。

步骤6：测试欢迎面板页面的跳转、显示功能

具体操作参考本项目任务 1 的步骤 6，登录成功后跳转到的欢迎面板页面如图 5-12 所示。

图 5-12　测试欢迎面板页面的跳转、显示效果

练习与检测

打开数据库查看 users 用户表信息，以赵海波的账户登录电子考勤系统，检测登录功能和欢迎面板跳转功能，查看 foot.jsp 页面，在欢迎面板上调用 JS 显示动态时间。

项目六　用户功能页面控件的显示

学习目标

◆ 能够编写 HTML 的常用控件

任务 1　导入查询页面模板以实现控件的显示

学习导入

本任务提供一个半成品的查询页面模板，读者可利用在知识准备中学到的 HTML 控件标签知识丰富查询页面。

知识准备

HTML 常用控件包括文本框、单选框、复选框、下拉框、表格、按钮等，可以通过这些控件的组合完成功能页面的搭建。HTML 常用控件语法见表 6-1。

表6-1　　　　　　　　　　HTML 常用控件语法

语法	控件类型
\<input type="text"\>	文本框
\<input type="radio"\>	单选框
\<input type="checkbox"\>	复选框
\<select\>　\<option value=" 值 "\> 显示项 \</option\>　…　\</select\>	下拉框
\<table\>　\<tr\>　\<th\> 标题 1\</th\>　\<th\> 标题 2\</th\>　\</tr\>　\<tr\>　\<td\> 第一列内容 \</td\>　\<td\> 第二列内容 \</td\>　\</tr\>\</table\>	表格
\<input type="button"\> 或 \<button type="button"\>	按钮

操作技能

步骤 1：导入查询页面模板

在"WebContent"目录的"mvc"子目录中新建下一级子目录，取名为"users"，并将配套素材中的"UsersQuery.jsp"拖拽到"users"目录中，如图 6-1 所示。

项目六 用户功能页面控件的显示

图 6-1 导入查询页面模板

步骤 2：添加姓名文本框控件

（1）双击打开 UsersQuery.jsp，找到以下注释：

```
<div class="col-md-2"><!--添加姓名文本框控件,控件中添加class="form-control"样式--></div>
```

（2）将以上注释修改如下：

```
<div class="col-md-2"><input type="text" id="name" name="name" class="form-control" value=""></div>
```

步骤 3：添加性别单选框控件

（1）找到以下注释：

```
<label class="radio-inline"><!--添加性别男单选框控件,默认为选中状态,控件中添加class="uniform"样式--></label>
<label class="radio-inline"><!--添加性别女单选框控件,控件中添加class="uniform"样式--></label>
```

（2）将以上注释修改如下：

```
<c:choose>
    <c:when test="${gender=='男'}">
        <label class="radio-inline">
            <input type="radio" class="uniform" name="gender" value="男" checked>男
        </label>
        <label class="radio-inline">
            <input type="radio" class="uniform" name="gender" value="女">女
        </label>
    </c:when>
    <c:when test="${gender=='女'}">
        <label class="radio-inline">
            <input type="radio" class="uniform" name="gender" value="男">男
        </label>
        <label class="radio-inline">
            <input type="radio" class="uniform" name="gender" value="女" checked>女
        </label>
    </c:when>
    <c:otherwise>
        <label class="radio-inline">
            <input type="radio" class="uniform" name="gender" value="男">男
        </label>
        <label class="radio-inline">
            <input type="radio" class="uniform" name="gender" value="女">女
        </label>
    </c:otherwise>
</c:choose>
```

步骤4：添加角色下拉框控件

（1）找到以下注释：

```
<!--
添加角色下拉框控件，控件中添加class="form-control"样式
第一个选项为<option value="请选择">请选择</option>
-->
```

（2）将以上注释修改如下：

```
<select class="form-control" id="role_id" name="role_id">
    <option value="请选择">请选择</option>
</select>
```

步骤5：添加状态单选框控件

（1）找到以下注释：

```
<!--
<label class="radio-inline">添加在职状态单选框控件，默认为选中状态，控件中添加class="uniform"样式</label>
<label class="radio-inline">添加离职状态单选框控件，控件中添加class="uniform"样式</label>
-->
```

（2）将以上注释修改如下：

```
<label class="radio-inline"><input type="radio" class="uniform" name="status" value="在职" checked>在职</label>
<label class="radio-inline"><input type="radio" class="uniform" name="status" value="离职">离职</label>
```

项目六 用户功能页面控件的显示

步骤 6：添加新建按钮

（1）找到以下注释：

```
<!--
添加新建按钮,控件中添加class="btn btn-primary start"样式,控件中添加以下标签
<i class="fa fa-plus-square"></i><span>新建</span>
-->
```

（2）将以上注释修改如下：

```
<button type="button" class="btn btn-primary start" title="新建">
    <i class="fa fa-plus-square"></i><span>新建</span>
</button>
```

步骤 7：添加查询按钮

（1）找到以下注释：

```
<!--
添加查询按钮,控件中添加class="btn btn-primary start"样式,控件中添加以下标签
<i class="fa fa-arrow-circle-o-up"></i><span>查询</span>
-->
```

（2）将以上注释修改如下：

```
<button type="button" class="btn btn-primary start" title="查询">
    <i class="fa fa-arrow-circle-o-up"></i><span>查询</span>
</button>
```

步骤 8：添加重置按钮

（1）找到以下注释：

```
<!--
添加重置按钮,控件中添加class="btn btn-primary start"样式,控件中添加以下标签
<i class="fa fa-arrow-circle-o-up"></i><span>重置</span>
-->
```

（2）将以上注释修改如下：

```
<button type="button" class="btn btn-primary start" title="重置">
    <i class="fa fa-arrow-circle-o-up"></i><span>重置</span>
</button>
```

步骤 9：添加表格控件列出用户查询清单

（1）找到以下注释（内含虚拟信息）：

```
<!--
添加表格控件列出用户查询清单
1.控件中添加如下属性
id="datatable2" cellpadding="0" cellspacing="0"
border="0" class="datatable table table-striped table-bordered table-hover"

2.表头第一列添加如下全选记录功能的复选框
<input type="checkbox" id="mmAll" name="mmAll"/>
```

3. 表头后序列依次为"序列"、"姓名"、"性别"、"出生日期"、"手机号码"、"身份证号码"、"角色"、"状态"和"操作"

4. "操作"列表头添加如下样式
`class="hidden-xs"`

5. 用户信息显示模拟数据如下
第一列为单行记录复选框`<input type="checkbox" id="mm" name="mm"/>`
后序用户模拟信息依次为
序列 1
姓名 张三
性别 男
出生日期 1995-01-01
手机号码 13371958028
身份证号码 310103199501011161
角色 管理员
状态 在职
操作 设置`class="hidden-xs"`样式，并包含以下3个链接

```
<div>
    <a href="#" target="_self">修改  
    <a href="#" target="_self">修改密码  
    <a href="#" target="_self" onclick="return rusure('真的要删除这条记录吗?');"/>删除</a>
</div>
-->
```

(2) 将以上注释修改如下：

```html
<table id="datatable2" cellpadding="0" cellspacing="0" border="0" class="datatable table table-striped table-bordered table-hover">
    <thead>
        <tr>
            <th><input type="checkbox" id="mmAll" name="mmAll"/></th>
            <th>序列</th>
            <th>姓名</th>
            <th>性别</th>
            <th>出生日期</th>
            <th>手机号码</th>
            <th>身份证号码</th>
            <th>角色</th>
            <th>状态</th>
            <th class="hidden-xs">操作</th>
        </tr>
    </thead>
    <tbody>
        <tr class="gradeC">
            <td><input type="checkbox" id="mm" name="mm" value=''/></td>
            <td>1</td>
            <td>张三</td>
            <td>男</td>
            <td>1995-01-01</td>
            <td>13371958028</td>
            <td>310103199501011161</td>
            <td>管理员</td>
            <td>在职</td>
            <td class="hidden-xs">
                <div>
                    <a href="#" target="_self">修改  
                    <a href="#" target="_self">修改密码  
                    <a href="#" target="_self" onclick="return rusure('真的要删除这条记录吗?');"/>删除</a>
                </div>
            </td>
        </tr>
    </tbody>
</table>
```

项目六　用户功能页面控件的显示

任务 2　导入新建页面模板以实现控件的显示

学习导入

本任务提供一个半成品的新建页面模板，读者可利用在知识准备中学到的 HTML 控件标签知识丰富新建页面。

知识准备

在 HTML5 发布之前是没有专门的日历控件的，经常利用 JS 脚本触发用户点击输入框的事件，用户在弹出的日历页面上选择日期，这个日期会在日历页面关闭时回填到输入框中。在 HTML5 发布后，常常并不直接使用 HTML5 中的日历控件，因为目前这些日历控件存在浏览器兼容性问题，所以为了保证在任何浏览器中都可以处理日历控件，仍旧采用 JS+输入框的方法完成日历控件的封装。

操作技能

步骤 1：导入新建页面模板

将配套素材中的"UsersCreate.jsp"拖拽到"users"目录中，如图 6-2 所示。

```
WebContent
  META-INF
  mvc
    action
    announcement
    bootstrap-dist
    css
    download
    edit
    email_templates
    font
    font-awesome
    frontend_theme
    images
    img
    js
    onduty_view
    panel
    theme
    users
      UsersCreate.jsp
      UsersQuery.jsp
    foot.jsp
    head.jsp
    login.jsp
    sidebar.jsp
```

图 6-2 导入新建页面模板

步骤 2：添加姓名文本框控件

（1）找到以下注释：

```
<!--
添加姓名文本框控件，并添加以下属性
name="name" id="name" class="form-control" size="15" value=""
-->
```

（2）将以上注释修改如下：

```
<input type="text" name="name" id="name" class="form-control" size="15"/>
```

步骤3：添加性别单选框控件

（1）找到以下代码段中的注释：

```html
<label class="radio-inline">
    <!--
    添加性别男单选框控件，并添加以下属性
    class="uniform" name="gender"
    -->
</label>
<label class="radio-inline">
    <!--
    添加性别女单选框控件，并添加以下属性
    class="uniform" name="gender"
    -->
</label>
```

（2）将以上代码段中的注释修改如下：

```html
<label class="radio-inline">
    <input type="radio" class="uniform" name="gender" value="男">男
</label>
<label class="radio-inline">
    <input type="radio" class="uniform" name="gender" value="女">女
</label>
```

步骤4：添加出生日期控件

（1）找到以下注释：

```html
<!--
添加出生日期文本框控件，并添加以下属性
id="birthday" name="birthday" class="form-control" size="15"
onClick="return SelectDate(this,'yyyy-MM-dd');" value=""
-->
```

（2）将以上注释修改如下：

```html
<input type="text" id="birthday" name="birthday" class="form-control" size="15" onClick="return SelectDate(this,'yyyy-MM-dd');"/>
```

步骤5：添加手机号码文本框控件

（1）找到以下注释：

```html
<!--
添加手机号码文本框控件，并添加以下属性
id="mobile" name="mobile" class="form-control" size="15" value=""
-->
```

（2）将以上注释修改如下：

```html
<input type="text" id="mobile" name="mobile" class="form-control" size="15"/>
```

步骤 6：添加身份证号码文本框控件

（1）找到以下注释：

```html
<!--
添加身份证号码文本框控件，并添加以下属性
id="idcard" name="idcard" class="form-control" size="15" value=""
-->
```

（2）将以上注释修改如下：

```html
<input type="text" id="idcard" name="idcard" class="form-control" size="15"/>
```

步骤 7：添加角色下拉框控件

（1）找到以下注释：

```html
<!--
添加角色下拉框控件，并添加以下属性
class="form-control" id="role_id" name="role_id"
第一个选项为<option value="请选择">请选择</option>
-->
```

（2）将以上注释修改如下：

```html
<select class="form-control" id="role_id" name="role_id">
    <option value="请选择">请选择</option>
</select>
```

步骤 8：添加用户名文本框控件

（1）找到以下注释：

```html
<!--
添加用户名文本框控件，并添加以下属性
id="username" name="username" class="form-control" size="15" value=""
-->
```

（2）将以上注释修改如下：

```html
<input type="text" id="username" name="username" class="form-control" size="15"/>
```

步骤 9：添加密码控件

（1）找到以下注释：

```html
<!--
添加密码控件，并添加以下属性
id="pwd" name="pwd" class="form-control" size="15"
-->
```

（2）将以上注释修改如下：

```html
<input type="password" id="pwd" name="pwd" class="form-control" size="15"/>
```

步骤10：添加重复密码控件

（1）找到以下注释：

```
<!--
添加重复密码控件，并添加以下属性
id="rpwd" class="form-control" size="15"
-->
```

（2）将以上注释修改如下：

```
<input type="password" id="rpwd" class="form-control" size="15"/>
```

步骤11：添加状态单选框控件

（1）找到以下代码段中的注释：

```
<label class="radio-inline">
<!--
添加在职状态单选框控件，并添加以下属性
class="uniform" name="status" value="在职"
 -->
</label>
<label class="radio-inline">
<!--
添加离职状态单选框控件，并添加以下属性
class="uniform" name="status" value="离职"
 -->
</label>
```

（2）将以上代码段中的注释修改如下：

```
<label class="radio-inline">
    <input type="radio" class="uniform" name="status" value="在职">在职
</label>
<label class="radio-inline">
    <input type="radio" class="uniform" name="status" value="离职">离职
</label>
```

步骤12：添加提交按钮

（1）找到以下注释：

```
<!--
添加提交按钮，并添加以下属性
class="btn btn-primary start" ondblclick="javascript:void(0);"
在提交控件中添加以下标签
<i class="fa fa-arrow-circle-o-up"></i><span>提交</span>
 -->
```

(2)将以上注释修改如下:

```
<button type="button" class="btn btn-primary start" ondblclick="javascript:void(0);">
    <i class="fa fa-arrow-circle-o-up"></i>
    <span>提交</span>
</button>
```

步骤 13:添加返回按钮

(1)找到以下注释:

```
<!--
添加返回按钮,并添加以下属性
type="button" class="btn btn-warning cancel"
在返回控件中添加以下标签
<i class="fa fa-ban"></i><span>返回</span>
-->
```

(2)将以上注释修改如下:

```
<button type="button" class="btn btn-warning cancel">
    <i class="fa fa-ban"></i>
    <span>返回</span>
</button>
```

任务 3 导入修改页面模板以实现控件的显示

学习导入

本任务提供一个半成品的修改页面模板,读者可利用在知识准备中学到的 HTML 控件标签知识丰富修改页面。

知识准备

隐藏域控件是指用户在浏览器中看不到的控件。当某些关键性信息不想让用户看见时,可以通过一个隐藏域来传送这些数据。可通过 <input type="hidden"> 语法在网页上形成不可见的隐藏域控件。

项目六　用户功能页面控件的显示

操作技能

步骤1：导入修改页面模板

将配套素材中的"UsersUpdate.jsp"拖拽到"users"目录中，如图6-3所示。

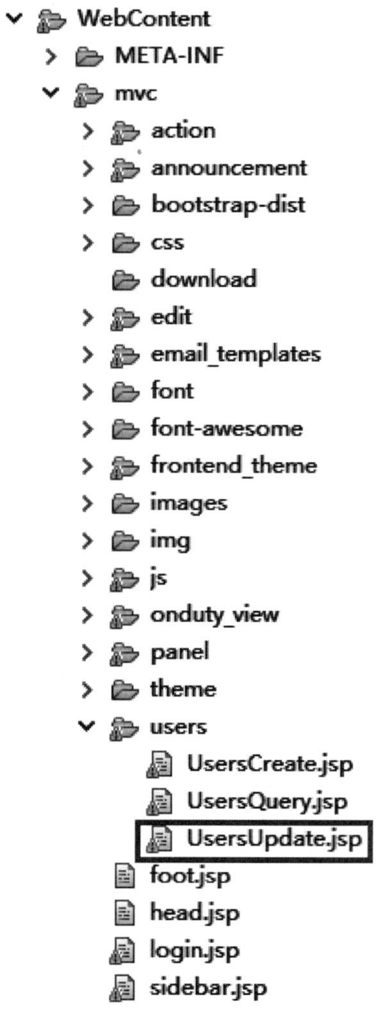

```
▼ 📂 WebContent
    > 📂 META-INF
    ▼ 📂 mvc
        > 📂 action
        > 📂 announcement
        > 📂 bootstrap-dist
        > 📂 css
          📂 download
        > 📂 edit
        > 📂 email_templates
        > 📂 font
        > 📂 font-awesome
        > 📂 frontend_theme
        > 📂 images
        > 📂 img
        > 📂 js
        > 📂 onduty_view
        > 📂 panel
        > 📂 theme
        ▼ 📂 users
              📄 UsersCreate.jsp
              📄 UsersQuery.jsp
              📄 UsersUpdate.jsp
          📄 foot.jsp
          📄 head.jsp
          📄 login.jsp
          📄 sidebar.jsp
```

图6-3　导入修改页面模板

步骤2：添加隐藏域控件

（1）找到以下注释：

```
<!--
添加隐藏域控件，并添加以下属性
id="users_id" name="users_id" value=""
-->
```

（2）将以上注释修改如下：

```
<input type="hidden" id="users_id" name="users_id" value=""/>
```

步骤3：添加姓名文本框控件

（1）找到以下注释：

```
<!--
添加姓名文本框控件，并添加以下属性
name="name" id="name" class="form-control" size="15" value=""
-->
```

（2）将以上注释修改如下：

```
<input type="text" name="name" id="name" class="form-control" size="15" value=""/>
```

步骤4：添加性别单选框控件

（1）找到以下代码段中的注释：

```
<label class="radio-inline">
    <!--
    添加性别男单选框控件，默认选中，并添加以下属性
    class="uniform" name="gender"
    -->
</label>
<label class="radio-inline">
    <!--
    添加性别女单选框控件，并添加以下属性
    class="uniform" name="gender"
    -->
</label>
```

（2）将以上代码段中的注释修改如下：

```
<label class="radio-inline">
    <input type="radio" class="uniform" name="gender" value="男" checked>男
</label>
<label class="radio-inline">
    <input type="radio" class="uniform" name="gender" value="女">女
</label>
```

步骤5：添加出生日期文本框控件

（1）找到以下注释：

```
<!--
添加出生日期文本框控件，并添加以下属性
id="birthday" name="birthday" class="form-control" size="15"
onClick="return SelectDate(this,'yyyy-MM-dd');" value=""
-->
```

（2）将以上注释修改如下：

```
<input type="text" id="birthday" name="birthday" class="form-control" size="15"
onClick="return SelectDate(this,'yyyy-MM-dd');" value=""/>
```

步骤6：添加手机号码文本框控件

（1）找到以下注释：

```
<!--
添加手机号码文本框控件，并添加以下属性
id="mobile" name="mobile" class="form-control" size="15" value=""
-->
```

（2）将以上注释修改如下：

```
<input type="text" id="mobile" name="mobile" class="form-control" size="15" value=""/>
```

步骤7：添加身份证号码文本框控件

（1）找到以下注释：

```
<!--
添加身份证号码文本框控件，并添加以下属性
id="idcard" name="idcard" class="form-control" size="15" value=""
-->
```

（2）将以上注释修改如下：

```
<input type="text" id="idcard" name="idcard" class="form-control" size="15" value=""/>
```

步骤8：添加角色下拉框控件

（1）找到以下注释：

```
<!--
添加角色下拉框控件，并添加以下属性
class="form-control" id="role_id" name="role_id"
第一个选项为<option value="请选择">请选择</option>
-->
```

（2）将以上注释修改如下：

```
<select class="form-control" id="role_id" name="role_id">
    <option value="请选择">请选择</option>
</select>
```

步骤9：添加用户名文本框控件

（1）找到以下注释：

```
<!--
添加用户名文本框控件，并添加以下属性
id="username" name="username" class="form-control" size="15" value=""
-->
```

（2）将以上注释修改如下：

```
<input type="text" id="username" name="username" class="form-control" size="15" value=""/>
```

步骤10：添加在职/离职状态单选框控件

（1）找到以下代码段中的注释：

```
<label class="radio-inline">
<!--
添加在职状态单选框控件，默认选中，并添加以下属性
class="uniform" name="status" value="在职"
-->
</label>
<label class="radio-inline">
<!--
添加离职状态单选框控件，并添加以下属性
class="uniform" name="status" value="离职"
-->
</label>
```

（2）将以上代码段中的注释修改如下：

```
<label class="radio-inline">
    <input type="radio" class="uniform" name="status" value="在职" checked>在职
</label>
<label class="radio-inline">
    <input type="radio" class="uniform" name="status" value="离职">离职
</label>
```

步骤11：添加提交按钮

（1）找到以下注释：

```
<!--
添加提交按钮，并添加以下属性
class="btn btn-primary start" ondblclick="javascript:void(0);"
在提交控件中添加以下标签
<i class="fa fa-arrow-circle-o-up"></i><span>提交</span>
-->
```

（2）将以上注释修改如下：

```
<button type="button" class="btn btn-primary start" ondblclick="javascript:void(0);">
    <i class="fa fa-arrow-circle-o-up"></i><span>提交</span>
</button>
```

步骤 12：添加返回按钮

（1）找到以下注释：

```
<!--
添加返回按钮，并添加以下属性
type="button" class="btn btn-warning cancel"
在返回控件中添加以下标签
<i class="fa fa-ban"></i><span>返回</span>
 -->
```

（2）将以上注释修改如下：

```
<button type="button" class="btn btn-warning cancel">
    <i class="fa fa-ban"></i><span>返回</span>
</button>
```

任务 4 导入密码重置页面模板以实现控件的显示

学习导入

本任务提供一个半成品的密码重置页面模板，读者可利用在知识准备中学到的 HTML 控件标签知识丰富密码重置页面。

知识准备

通过 <input type="password"> 语法可以在网页上形成密码框控件。在本任务中，将操作两个密码框，并用 JS 判断两者的输入值是否相同。

操作技能

步骤 1：导入密码重置页面模板

将配套素材中的"UsersPWDUpdate.jsp"拖拽到"users"目录中，如图 6-4 所示。

```
▾ 🗁 WebContent
  › 🗁 META-INF
  ▾ 🗁 mvc
    › 🗁 action
    › 🗁 announcement
    › 🗁 bootstrap-dist
    › 🗁 css
      🗁 download
    › 🗁 edit
    › 🗁 email_templates
    › 🗁 font
    › 🗁 font-awesome
    › 🗁 frontend_theme
    › 🗁 images
    › 🗁 img
    › 🗁 js
    › 🗁 onduty_view
    › 🗁 panel
    › 🗁 theme
    ▾ 🗁 users
        📄 UsersCreate.jsp
        📄 UsersPWDUpdate.jsp
        📄 UsersQuery.jsp
        📄 UsersUpdate.jsp
      📄 foot.jsp
      📄 head.jsp
      📄 login.jsp
      📄 sidebar.jsp
```

图 6-4 导入密码重置页面模板

步骤 2：添加隐藏域控件

（1）找到以下注释：

```
<!--
添加隐藏域控件，并添加以下属性
id="users_id" name="users_id" value=""
-->
```

（2）将以上注释修改如下：

```
<input type="hidden" id="users_id" name="users_id" value=""/>
```

步骤 3：添加用户名文本框控件

（1）找到以下注释：

```
<!--
添加用户名文本框控件，并添加以下属性
id="username" name="username" class="form-control" size="15" value="" disabled
-->
```

（2）将以上注释修改如下：

```
<input type="text" id="username" name="username" class="form-control" size="15" value="" disabled/>
```

步骤 4：添加密码控件

（1）找到以下注释：

```
<!--
添加密码控件，并添加以下属性
id="pwd" name="pwd" class="form-control" size="15"
-->
```

（2）将以上注释修改如下：

```
<input type="password" id="pwd" name="pwd" class="form-control" size="15"/>
```

步骤 5：添加重复密码控件

（1）找到以下注释：

```
<!--
添加重复密码控件，并添加以下属性
id="rpwd" class="form-control" size="15"
-->
```

（2）将以上注释修改如下：

```
<input type="password" id="rpwd" class="form-control" size="15"/>
```

步骤 6：添加提交按钮

（1）找到以下注释：

```
<!--
添加提交按钮，并添加以下属性
class="btn btn-primary start" ondblclick="javascript:void(0);"
在提交控件中添加以下标签
<i class="fa fa-arrow-circle-o-up"></i><span>提交</span>
-->
```

（2）将以上注释修改如下：

```
<button type="button" class="btn btn-primary start" ondblclick="javascript:void(0);">
    <i class="fa fa-arrow-circle-o-up"></i>
    <span>提交</span>
</button>
```

步骤 7：添加返回按钮

（1）找到以下注释：

```
<!--
添加返回按钮，并添加以下属性
type="button" class="btn btn-warning cancel"
在返回控件中添加以下标签
<i class="fa fa-ban"></i><span>返回</span>
 -->
```

（2）将以上注释修改如下：

```
<button type="button" class="btn btn-warning cancel">
    <i class="fa fa-ban"></i>
    <span>返回</span>
</button>
```

练习与检测

新建一个空白的 JSP 页面，将文本框控件、单选框控件、复选框控件、下拉框控件、表格控件、密码控件、隐藏域控件、按钮添加到页面中去。

项目七　用户功能完整实现

学习目标

◆ 能够编写 JSTL 操作 HTML 控件的代码

◆ 能够调用 JS 前端数据和后端数据的校验代码

◆ 能够编写 Servlet 控制跳转和调用逻辑类代码

任务 1　实现查询页面的用户功能

学习导入

在项目六任务 1 的基础上，通过 JSTL、JS 和 Servlet 技术实现查询页面的用户功能。

知识准备

Java 网站的前后端数据交互是指当用户请求网页时，网站根据用户的查询要求，将用户的请求传递到后端，并通过业务逻辑代码调用数据库，将数据库中符合用户要求的数据传递到请求页面，并将结果动态地显示在 HTML 控件中的一个过程。通常调用 JSTL 代码实现 HTML 控件的动态处理，调用 JS 代码实现数据的提交和查询页面的重置，调用 Servlet 接口使页面跳转并传递数据到相应函数进行处理。

本任务将综合之前学过的 JSTL、JS 和 Servlet 知识点，编写实现用户查询功能的代码。JSTL 负责将 Java 后端的信息动态显示在 HTML 标签中；JS 负责验证页面数据的有效性，当数据有效时才会提交到 Java 后端进行处理；Java 后端通过 Servlet 接口接收 JS 提交过来的信息，完成后端逻辑判断、数据库调用、数据采集，最后将整理后的数据回传到页面。

操作技能

步骤 1：编写 JSTL 代码实现 HTML 控件的动态处理

在完成项目六任务 1 的基础上，要为 HTML 控件添加 ID 属性，为后面 JS 脚本获取 HTML 控件做好准备，并添加 JSTL 标签。可以调用 Java 后端与前端页面传递数据的接口，让 HTML 控件要展示的信息动起来。在查询、新建、修改、密码重置页面中都要调用以下这行 JS 脚本：

```
<script language="javascript" src="mvc/js/users.js"></script>
```

（1）打开 users.js，看一下它完成了哪些功能。

1）首先看到一个 checkFormForCreate()方法，该方法在用户提交创建信息时用来检查相关信息的合法性，具体代码如下：

```
1  //用户创建信息提交检查
2  function checkFormForCreate(){
3      //必填项
4      var nameMust=$("#name").val();
5      nameMust=trim(nameMust);
6      if(nameMust==''){
7          alert('姓名不能为空!');
8          return false;
9      }
10     $("#name").val(nameMust);
11     var idcardMust=$("#idcard").val();
12     idcardMust=trim(idcardMust);
13     if(idcardMust==''){
14         alert('身份证号码不能为空!');
15         return false;
16     }
17     $("#idcard").val(idcardMust);
18     var usernameMust=$("#username").val();
```

```
19      usernameMust=trim(usernameMust);
20      if(usernameMust==''){
21          alert('登录名不能为空!');
22          return false;
23      }
24      $("#username").val(usernameMust);
25      var pwdMust=$("#pwd").val();
26      pwdMust=trim(pwdMust);
27      if(pwdMust==''){
28          alert('密码不能为空!');
29          return false;
30      }
31      $("#pwd").val(pwdMust);
32      var rpwdMust=$("#rpwd").val();
33      rpwdMust=trim(rpwdMust);
34      if(rpwdMust==''){
35          alert('重复密码不能为空!');
36          return false;
37      }
38      if(pwdMust!=rpwdMust){
39          alert('密码与重复密码不同!');
40          return false;
41      }
42      var role_id=$("#role_id").find("option:selected").val();
43      if(role_id=="请选择"){
44          alert('角色不能为空!');
45          return false;
46      }
47      $("#role_id").val(role_id);
48      if($("input:radio[name='status']:checked").val()==undefined){
49          alert('请选择状态!');
50          return false;
51      }
52      return true;
53  }
```

2）接着看到一个checkFormForUpdate()方法，该方法在用户提交修改信息时用来检查相关信息的合法性，具体代码如下：

```
54  //用户修改信息提交检查
55  function checkFormForUpdate(){
56      //必填项
57      var nameMust=$("#name").val();
58      nameMust=trim(nameMust);
59      if(nameMust==''){
60          alert('姓名不能为空!');
61          return false;
62      }
63      $("#name").val(nameMust);
64      var idcardMust=$("#idcard").val();
65      idcardMust=trim(idcardMust);
66      if(idcardMust==''){
```

```
67              alert('身份证号码不能为空!');
68              return false;
69          }
70          $("#idcard").val(idcardMust);
71          var usernameMust=$("#username").val();
72          usernameMust=trim(usernameMust);
73          if(usernameMust==''){
74              alert('登录名不能为空!');
75              return false;
76          }
77          $("#username").val(usernameMust);
78          var role_id=$("#role_id").find("option:selected").val();
79          if(role_id=="请选择"){
80              alert('角色不能为空!');
81              return false;
82          }
83          $("#role_id").val(role_id);
84          if($("input:radio[name='status']:checked").val()==undefined){
85              alert('请选择状态!');
86              return false;
87          }
88          return true;
89      }
```

3）然后看到一个 checkFormForPWDUpdate（）方法，该方法在用户提交密码重置信息时用来检查相关信息的合法性，具体代码如下：

```
90      //用户密码重置信息提交检查
91      function checkFormForPWDUpdate(){
92          var pwdMust=$("#pwd").val();
93          pwdMust=trim(pwdMust);
94          if(pwdMust==''){
95              alert('密码不能为空!');
96              return false;
97          }
98          $("#pwd").val(pwdMust);
99          var rpwdMust=$("#rpwd").val();
100         rpwdMust=trim(rpwdMust);
101         if(rpwdMust==''){
102             alert('重复密码不能为空!');
103             return false;
104         }
105         if(pwdMust!=rpwdMust){
106             alert('密码与重复密码不同!');
107             return false;
108         }
109         return true;
110     }
```

4）最后用 checkFormForQuery（）方法先为角色下拉框属性赋值，再调用 finder（）方法验证查询内容无误后提交，同时调用 submit（）方法完成最后的提交，具体代码如下：

```javascript
111  //为角色下拉框赋值
112  function checkFormForQuery(){
113      $("#role_id").val($("#role_id").find("option:selected").val());
114      return true;
115  }
116  //查询
117  function finder(){
118      if(checkFormForQuery()==true){
119          var form=$("#form1");
120          form.submit();
121      }
122  }
123  //提交
124  function submit(formId,actionStr){
125      $("#" + formId).attr("action", actionStr).submit();
126  }
```

（2）打开 sidebar.jsp，修改 HTML 控件，如图 7-1 中画线部分所示。

```html
109  <!-- SIDEBAR MENU -->
110  <ul>
111      <li>
112          <a href="User?action=initquery">
113          <i class="fa fa-group fa-fw"></i><span class="menu-text">用户管理</span>
114          <span class="selected"></span>
115          </a>
116      </li>
117  </ul>
118  <!-- /SIDEBAR MENU -->
```

图 7-1　补充用户管理链接代码

（3）打开 UsersQuery.jsp，修改 HTML 控件及添加 JSTL 标签，如图 7-2～图 7-8 中画线部分或框起来的部分所示。

```html
52   <form class="form-horizontal" id="form1" method="post" action="User?action=query">
```

图 7-2　代码片段 1

```html
54   <label class="col-md-2 control-label">姓名</label>
55   <div class="col-md-2">
56       <input type="text" id="name" name="name" class="form-control" value="${name}">
57   </div>
```

图 7-3　代码片段 2

```jsp
<label class="col-md-2 control-label">性别</label>
<div class="col-md-2">
    <c:choose>
        <c:when test="${gender=='男'}">
            <label class="radio-inline">
                <input type="radio" class="uniform" name="gender" value="男" checked>男
            </label>
            <label class="radio-inline">
                <input type="radio" class="uniform" name="gender" value="女">女
            </label>
        </c:when>
        <c:when test="${gender=='女'}">
            <label class="radio-inline">
                <input type="radio" class="uniform" name="gender" value="男">男
            </label>
            <label class="radio-inline">
                <input type="radio" class="uniform" name="gender" value="女" checked>女
            </label>
        </c:when>
        <c:otherwise>
            <label class="radio-inline">
                <input type="radio" class="uniform" name="gender" value="男">男
            </label>
            <label class="radio-inline">
                <input type="radio" class="uniform" name="gender" value="女">女
            </label>
        </c:otherwise>
    </c:choose>
</div>
```

图 7-4　代码片段 3

```jsp
<label class="col-md-2 control-label">角色</label>
<div class="col-md-2">
    <select class="form-control" id="role_id" name="role id">
        <option value="请选择">请选择</option>
        <c:forEach var="R" items="${applicationScope.rolesBeanList}" varStatus="s">
            <c:choose>
                <c:when test="${R.roles_id==role_id}">
                    <option value="${R.roles_id}" selected>${R.roletitle}</option>
                </c:when>
                <c:otherwise>
                    <option value="${R.roles_id}">${R.roletitle}</option>
                </c:otherwise>
            </c:choose>
        </c:forEach>
    </select>
</div>
```

图 7-5　代码片段 4

```jsp
<label class="col-md-2 control-label">状态</label>
<div class="col-md-2">
    <c:choose>
        <c:when test="${status=='在职'}">
            <label class="radio-inline">
                <input type="radio" class="uniform" name="status" value="在职" checked>在职
            </label>
            <label class="radio-inline">
                <input type="radio" class="uniform" name="status" value="离职">离职
            </label>
        </c:when>
        <c:when test="${status=='离职'}">
            <label class="radio-inline">
                <input type="radio" class="uniform" name="status" value="在职">在职
            </label>
            <label class="radio-inline">
                <input type="radio" class="uniform" name="status" value="离职" checked>离职
            </label>
        </c:when>
        <c:otherwise>
            <label class="radio-inline">
                <input type="radio" class="uniform" name="status" value="在职">在职
            </label>
            <label class="radio-inline">
                <input type="radio" class="uniform" name="status" value="离职">离职
            </label>
        </c:otherwise>
    </c:choose>
</div>
```

图 7-6　代码片段 5

```
140     <div class="col-lg-12">
141         <button type="button" class="btn btn-primary start" title="新建"
142 onclick="javascript:window.location.href='User?action=initCreate';">
143             <i class="fa fa-plus-square"></i><span>新建</span>
144         </button>
145         <button id="f" type="button" class="btn btn-primary start" title="查询">
146             <i class="fa fa-arrow-circle-o-up"></i><span>查询</span>
147         </button>
148         <button id="r" type="button" class="btn btn-primary start" title="重置">
149             <i class="fa fa-arrow-circle-o-up"></i><span>重置</span>
150         </button>
151     </div>
```

图 7-7　代码片段 6

```
179 <table id="datatable2" cellpadding="0" cellspacing="0" border="0"
180  class="datatable table table-striped table-bordered table-hover">
181     <thead>
182         <tr>
183             <th><input type="checkbox" id="mmAll" name="mmAll"/></th>
184             <th>序列</th>
185             <th>姓名</th>
186             <th>性别</th>
187             <th>出生日期</th>
188             <th>手机号码</th>
189             <th>身份证号码</th>
190             <th>角色</th>
191             <th>状态</th>
192             <th class="hidden-xs">操作</th>
193         </tr>
194     </thead>
195     <tbody>
196         <c:forEach var="R" items="${usersList}" varStatus="s">
197         <tr class="gradeC">
198             <td><input type="checkbox" id="mm" name="mm" value='${R.users_id}'/></td>
199             <td>${s.count} </td>
200             <td>${R.name} </td>
201             <td>${R.gender} </td>
202             <td>${R.birthday} </td>
203             <td>${R.mobile} </td>
204             <td>${R.idcard} </td>
205             <td>${applicationScope.rolesBeanLhm[R.role_id]} </td>
206             <td>${R.status} </td>
207             <td class="hidden-xs">
208                 <div>
209                     <a href="User?action=initUpdate&users_id=${R.users_id}" target="_self">
210 修改</a>  
211                     <a href="User?action=initUpdatePWD&users_id=${R.users_id}" target="_self">
212 修改密码</a>  
213                     <a href="User?action=delete&users_id=${R.users_id}"
214  target="_self" onclick="return rusure('真的要删除这条记录吗?');"/>删除</a>
215                 </div>
216             </td>
217         </tr>
218         </c:forEach>
219     </tbody>
220 </table>
```

图 7-8　代码片段 7

步骤 2：调用 JS 代码实现数据的提交和查询页面的重置

商务软件开发考试只要求了解和调用 JS 脚本，有能力的读者可以尝试编写。提交数据和重置查询页面的具体代码如下：

```javascript
<script language='javascript'>
$(function(){
    $("#f").click(function(){
        ShowDiv('fade');
        finder();
    });
    $("#f").dblclick(function(){
        javascript:void(0);
    });
    $("#r").click(function(){
        window.location='<%=basePath%>User?action=initquery';
    });
    $("#mmAll").click(function(){
        checkAll(this,'mm');
    });
    $("#a").click(function(){
        var ids=getvalues('mm');
        if(ids.length>0){
            var question=confirm('真的要删除选中的记录吗？');
            var link='<%=basePath%>User?action=deleteSelected&ids=';
            if(question==true){
                window.location.href=link + ids;
                window.event.returnValue=true;//兼容火狐
            }
        }
        window.location.reload();
    });
    $("#mm").click(function(){
        checkItem(this,'mmAll');
    });
});
</script>
```

步骤 3：编写 UserServlet.java 实现查询、删除以及页面跳转的用户功能

在 src 的 servlet 包中新建 Servlet 类，取名为 UserServlet.java，具体代码如下：

```java
1  package servlet;
2
3  import java.io.IOException;
4  import java.sql.Date;
5  import java.text.ParseException;
6  import java.text.SimpleDateFormat;
7  import java.util.List;
8  import java.util.UUID;
9  import javax.servlet.ServletException;
10 import javax.servlet.annotation.WebServlet;
11 import javax.servlet.http.HttpServlet;
12 import javax.servlet.http.HttpServletRequest;
13 import javax.servlet.http.HttpServletResponse;
14 import oa.logic.users.UsersBean;
15 import oa.logic.users.UsersJDO;
16
17 @WebServlet("/User")
18 public class UserServlet extends HttpServlet {
19     private static final long serialVersionUID = 1L;
20     public UserServlet() {super();}
21     protected void doGet(HttpServletRequest request, HttpServletResponse response)
22         throws ServletException, IOException {
23         doProcess(request, response);
24     }
25     protected void doPost(HttpServletRequest request, HttpServletResponse response)
26         throws ServletException, IOException {
27         doProcess(request, response);
28     }
29     private void doInitQuery(UsersJDO usersJdo,
30         HttpServletRequest request,
31         HttpServletResponse response)
32         throws ServletException, IOException {
33         /*按出生日期降序排列
34         LinkedHashMap<String, String> orderByMap=new LinkedHashMap<String, String>();
35         orderByMap.put(UsersSqlStorehouse.BIRTHDAY_DESC, UsersSqlStorehouse.BIRTHDAY_DESC);
36         List<UsersBean> usersList=usersJdo.findByAll(orderByMap);*/
37         List<UsersBean> usersList=usersJdo.findByAll();
38         request.setAttribute("usersList", usersList);
39         request.getRequestDispatcher("/mvc/users/UsersQuery.jsp").forward(request,response);
40     }
41     private void doQuery(UsersJDO usersJdo,
42         HttpServletRequest request,
43         HttpServletResponse response)
44         throws ServletException, IOException {
45         String name="";
46         name=new String(request.getParameter("name").getBytes("iso-8859-1"), "utf-8");
47         //中文传递乱码处理
48         String gender="";
49         if(request.getParameter("gender")!=null)
50             gender=new String(request.getParameter("gender").getBytes("iso-8859-1"), "utf-8");
51         String role_id=new String(request.getParameter("role_id").getBytes("iso-8859-1"), "utf-8");
52         if(role_id.equals("请选择")) role_id="";
53         //中文传递乱码处理
54         String status="";
55         if(request.getParameter("status")!=null)
56             status=new String(request.getParameter("status").getBytes("iso-8859-1"), "utf-8");
57         UsersBean ub=new UsersBean();
58         ub.setName(name);
59         ub.setGender(gender);
60         ub.setRole_id(role_id);
61         ub.setStatus(status);
62         List<UsersBean> usersList=usersJdo.finder(ub);
63         request.setAttribute("usersList", usersList);
64         if(!name.equals("")) request.setAttribute("name", name);
65         else request.setAttribute("name", "");
66         if(!gender.equals("")) request.setAttribute("gender", gender);
67         else request.setAttribute("gender", "");
68         if(!role_id.equals("")) request.setAttribute("role_id", role_id);
69         else request.setAttribute("role_id", "");
70         if(!status.equals("")) request.setAttribute("status", status);
71         else request.setAttribute("status", "");
72         request.getRequestDispatcher("/mvc/users/UsersQuery.jsp").forward(request,response);
73     }
```

```
74        //删除多条记录
75      private void doDeleteSelected(UsersJDO usersJdo,
76            HttpServletRequest request,
77            HttpServletResponse response)
78            throws ServletException, IOException {
79          String ids=request.getParameter("ids");
80          if(ids==null) ids=(String)request.getAttribute("ids");
81          usersJdo.deleteSelected(ids);
82          doInitQuery(usersJdo,request,response);
83      }
84      private void doDelete(UsersJDO usersJdo,
85            HttpServletRequest request,
86            HttpServletResponse response)
87            throws ServletException, IOException {
88          usersJdo.delete(request.getParameter("users_id"));
89          doInitQuery(usersJdo,request,response);
90      }
91      private void doProcess(HttpServletRequest request, HttpServletResponse response)
92            throws ServletException, IOException {
93          String action=request.getParameter("action");
94          UsersJDO usersJdo=new UsersJDO();
95          //初始化页面查询无条件
96          if(action.equals("initquery")) doInitQuery(usersJdo,request,response);
97          //查询条件
98          if(action.equals("query")) doQuery(usersJdo,request,response);
99          //新建人员初始化页面
100         if(action.equals("initCreate"))
101             request.getRequestDispatcher("/mvc/users/UsersCreate.jsp").forward(request,response);
102         //删除单个人员
103         if(action.equals("delete")) doDelete(usersJdo,request,response);
104         //删除多个人员
105         if(action.equals("deleteSelected")) doDeleteSelected(usersJdo,request,response);
106     }
107 }
```

任务 2　实现新建页面的用户功能

学习导入

在项目六任务 2 的基础上，通过 JSTL、JS、AJAX 和 Servlet 技术实现新建页面的用户功能。

知识准备

当用户提交的请求必须通过后端逻辑或数据库的查询、判断才能得到正确的信息反馈时，服务器通常会将反馈的数据回显到 HTML 页面的控件中以回复用户的请求，而回显的数据会在重新跳转的页面中显示，这样就会产生页面的刷新。当刷新的页面就是用户所请求的页面时，如果服务器不记录之前用户填写的请求数据并进行回填，就会造成请求数据因为页面的刷新而丢失，这时如果用户希望再次查询，就不得不重新填写请求信息。无刷新技术不仅能解决用户请求数据丢失的问题，也可以在页面不刷新、不闪烁的情况下显示后端查询到的数据。

通常通过 JS 的 AJAX 异步处理技术实现后端新数据的无刷新显示，本任务将进一步利用 AJAX 技术完成数据库校验和页面无刷新处理，从而保证用户填写的新建信息不丢失。

操作技能

步骤 1：编写代码实现 HTML 控件的动态处理

在完成项目六任务 2 的基础上，同样要为 HTML 控件添加 ID 属性，为后面 JS 脚本获取 HTML 控件做好准备，并添加 JSTL 标签。可以调用 Java 后端与前端页面传递数据的接口，让 HTML 控件要展示的信息动起来。打开 UsersCreate.jsp，修改 HTML 控件，如图 7-9 中画线部分所示。

```
117  <div class="col-lg-12">
118      <button id="s" type="button" class="btn btn-primary start" ondblclick="javascript:void(0);">
119          <i class="fa fa-arrow-circle-o-up"></i>
120          <span>提交</span>
121      </button>
122      <button id="b" type="button" class="btn btn-warning cancel">
123          <i class="fa fa-ban"></i>
124          <span>返回</span>
125      </button>
126  </div>
```

图 7-9 编写代码实现 HTML 标签的动态处理

步骤 2：编写 AJAX 代码实现用户新建功能

新建用户时除了要检查必要的信息是否正确填写外，还要在新建页面不刷新的情况下，将关键信息传递到后端，并检查数据库中是否已经存在同样的信息，因为不能重复创建同一个用户。这里采用 AJAX 技术实现无刷新页面的处理，因为如果通过提交按钮进行处理，在用户已存在的情况下，还必须通过 Servlet 再次跳转到新建页面并提示报错信息，但之前填写的数据就会丢失，而采用 AJAX 技术就避免了这种问题。采用 AJAX 技术时，新建页面上填写的数据在提交之前是不会刷新丢失的，只有确认信息无误后，才会调用 Java 代码新建用户并跳转到查询页面。如果读者对 AJAX 代码的编写不太熟悉，可以采用提交按钮进行处理，但在检查到已存在该用户时要再次跳转到新建页面，并将之前填写的数据再次回传到新建页面。

提示：项目五任务1的导入文件login.jsp中有如何调用JS完成AJAX技术的代码，以及后端如何通过ValidationServlet.java接收login.jsp的信息并调用ValidateFoundation.java完成判断的代码。

（1）新建页面的JS代码具体如下：

```javascript
<script language="javascript">
    $(function(){
        $("#s").click(function(){
            if(checkFormForCreate()==true){
                ShowDiv('fade');
                var idcardData="";
                idcardData=$("#idcard").val();
                var usernameData="";
                usernameData=$("#username").val();
                $.ajax({
                    url:"ValidationServlet",
                    type:"POST",
                    data:{
                        index:"102",
                        returnFlag:"false",
                        data:idcardData,
                    },
                    timeout:30000,
                    success:function(data){
                        data=data.replace("\r\n","");
                        if(data=="true"){
                            $.ajax({
                                url:"ValidationServlet",
                                type:"POST",
                                data:{
                                    index:"103",
                                    returnFlag:"false",
                                    data:usernameData,
                                },
                                timeout:30000,
                                success:function(data){
                                    data=data.replace("\r\n","");
                                    if(data=="true"){
                                        $("#form1").attr("action", "User?action=create").submit();
                                    }else{
                                        alert("用户名已存在!");
                                        HideDiv('fade');//隐藏遮罩层
                                    }
                                },
                                error:function(){
                                    alert('ajax调用异常');
                                }
                            });
                        }else{
                            alert("身份证号码已存在!");
                            HideDiv('fade');//隐藏遮罩层
                            return false;
                        }
                    },
                    error:function(){
                        alert('ajax调用异常');
                    }
                });
            }});

        $("#b").click(function(){
            window.location.href='<%=basePath%>User?action=initquery';
        });
    });
</script>
```

（2）打开 AJAX 包中的 ValidateFoundation.java 文件，在 Validate 方法中添加无刷新验证代码，具体如下：

```
65              case 102:
66                  //新建时身份证号码不重复
67                  usersJdo=new UsersJDO();
68                  ub=new UsersBean();
69                  ub.setIdcard(value);
70                  usersBeanList=usersJdo.finderEqual(ub);
71                  if(usersBeanList.size()>0) isValid=false;
72                  else isValid=true;
73                  break;
74              case 103:
75                  //新建时用户名不重复
76                  usersJdo=new UsersJDO();
77                  ub=new UsersBean();
78                  ub.setUsername(value);
79                  usersBeanList=usersJdo.finderEqual(ub);
80                  if(usersBeanList.size()>0) isValid=false;
81                  else isValid=true;
82                  break;
```

（3）在 AJAX 验证用户名和身份证号码不重复的情况下，由 UserServlet.java 完成用户新建和跳转的工作，在 UserServlet.java 中添加代码，如图 7-10 和图 7-11 所示。

```
177    private void doProcess(HttpServletRequest request, HttpServletResponse response)
178            throws ServletException, IOException {
179        String action=request.getParameter("action");
180        UsersJDO usersJdo=new UsersJDO();
181        //初始化页面查询无条件
182        if(action.equals("initquery")) doInitQuery(usersJdo,request,response);
183        //查询条件
184        if(action.equals("query")) doQuery(usersJdo,request,response);
185        //新建人员初始化页面
186        if(action.equals("initCreate"))
187            request.getRequestDispatcher("/mvc/users/UsersCreate.jsp").forward(request,response);
188        //新建人员
189        if(action.equals("create")) doCreate(usersJdo,request,response);
190        //删除单个人员
191        if(action.equals("delete")) doDelete(usersJdo,request,response);
192        //删除多个人员
193        if(action.equals("deleteSelected")) doDeleteSelected(usersJdo,request,response);
194    }
195 }
```

图 7-10 UserServlet.java 完成用户新建的代码

```
90     private void doCreate(UsersJDO usersJdo,
91         HttpServletRequest request,
92         HttpServletResponse response)
93         throws ServletException, IOException {
94         String name=new String(request.getParameter("name").getBytes("iso-8859-1"), "utf-8");
95         //中文传递乱码处理
96         String gender=new String(request.getParameter("gender").getBytes("iso-8859-1"), "utf-8");
97         Date birth=null;
98         String birthday=request.getParameter("birthday");
99         if(birthday.length()>0){
100            try {
101                SimpleDateFormat sdf=new SimpleDateFormat("yyyy-MM-dd");
102                birth=new Date(sdf.parse(birthday).getTime());
103            } catch (ParseException e) {
104                e.printStackTrace();
105            }
106        }
107        String mobile=request.getParameter("mobile");
108        String idcard=request.getParameter("idcard");
```

```
109        String role_id=request.getParameter("role_id");
110        String username=request.getParameter("username");
111        String pwd=request.getParameter("pwd");
112        //中文传递乱码处理
113        String status=new String(request.getParameter("status").getBytes("iso-8859-1"), "utf-8");
114        UsersBean ub=new UsersBean();
115        ub.setUsers_id(UUID.randomUUID().toString().replaceAll("-",""));//生成uuid主键
116        ub.setName(name);
117        ub.setGender(gender);
118        ub.setBirthday(birth);
119        ub.setMobile(mobile);
120        ub.setIdcard(idcard);
121        ub.setRole_id(role_id);
122        ub.setUsername(username);
123        ub.setPwd(pwd);
124        ub.setStatus(status);
125        usersJdo.insert(ub);
126        doInitQuery(usersJdo,request,response);
127    }
```

图 7-11　UserServlet.java 完成跳转的代码

任务 3　实现修改页面的用户功能

学习导入

在项目六任务 3 的基础上，通过 JSTL、JS、AJAX 和 Servlet 技术实现修改页面的用户功能。

操作技能

步骤 1：编写 JSTL 代码实现 HTML 控件的动态处理

在完成项目六任务 3 的基础上，同样要为 HTML 控件添加 ID 属性，为后面 JS 脚本获取 HTML 控件做好准备，并添加 JSTL 标签。可以调用 Java 后端与前端页面传递数据的接口，让 HTML 控件要展示的信息动起来。

（1）打开 sidebar.jsp，修改以下 HTML 控件，添加"我的资料""密码修改""注销"的链接，如图 7-12 中框起来的部分所示。

```html
<!-- 用户下拉展示 -->
<li class="dropdown user">
    <a href="javascript:void(0);" class="dropdown-toggle" data-toggle="dropdown">
        显示头像
        <span class="username">显示角色</span>
        <i class="fa fa-angle-down"></i>
    </a>
    <ul class="dropdown-menu">
        <li>
            <a href="User?action=initUpdate&users_id=${sessionScope.UsersBean.users_id}" target="_self"><i class="fa fa-user"></i>我的资料</a>
        </li>
        <li>
            <a href="User?action=initUpdatePWD&users_id=${sessionScope.UsersBean.users_id}" target="_self"><i class="fa fa-key"></i>密码修改</a>
        </li>
        <li>
            <a href="login" target="_self"><i class="fa fa-power-off"></i>注销</a>
        </li>
    </ul>
</li>
<!-- /用户下拉展示 -->
```

图 7-12 添加"我的资料""密码修改""注销"的链接

（2）打开 UsersUpdate.jsp，修改以下 HTML 控件，添加用户动态信息功能代码，如图 7-13～图 7-22 中画线部分或框起来的部分所示。

```html
<input type="hidden" id="users_id" name="users_id" value="${UsersBean.users_id}"/>
```

图 7-13 添加用户动态信息功能代码片段 1

```html
<strong><font color="#FF0000">*</font></strong>姓名</label>
<div class="col-md-2">
    <input type="text" name="name" id="name" class="form-control" size="15" value="${UsersBean.name}"/>
</div>
</div>
```

图 7-14 添加用户动态信息功能代码片段 2

```html
<label class="col-md-2 control-label">性别</label>
<div class="col-md-2">
<c:choose>
    <c:when test="${UsersBean.gender=='男'}">
        <label class="radio-inline">
            <input type="radio" class="uniform" name="gender" value="男" checked>男
        </label>
        <label class="radio-inline">
            <input type="radio" class="uniform" name="gender" value="女">女
        </label>
    </c:when>
    <c:when test="${UsersBean.gender=='女'}">
        <label class="radio-inline">
            <input type="radio" class="uniform" name="gender" value="男">男
        </label>
        <label class="radio-inline">
            <input type="radio" class="uniform" name="gender" value="女" checked>女
        </label>
    </c:when>
    <c:otherwise>
        <label class="radio-inline">
            <input type="radio" class="uniform" name="gender" value="男">男
        </label>
        <label class="radio-inline">
            <input type="radio" class="uniform" name="gender" value="女">女
        </label>
    </c:otherwise>
</c:choose>
</div>
```

图 7-15 添加用户动态信息功能代码片段 3

```
 92         <label class="col-md-2 control-label">出生日期</label>
 93         <div class="col-md-2">
 94             <input type="text" id="birthday" name="birthday" class="form-control" size="15"
 95             onClick="return SelectDate(this,'yyyy-MM-dd');" value="${birth}"/>
 96         </div>
```

图 7-16　添加用户动态信息功能代码片段 4

```
 99         <label class="col-md-2 control-label">手机号码</label>
100         <div class="col-md-2">
101             <input type="text" id="mobile" name="mobile"
102             class="form-control" size="15" value="${UsersBean.mobile}"/>
103         </div>
```

图 7-17　添加用户动态信息功能代码片段 5

```
106         <label class="col-md-2 control-label">
107         <strong><font color="#FF0000">*</font></strong>身份证号码</label>
108         <div class="col-md-2">
109             <input type="text" id="idcard" name="idcard"
110             class="form-control" size="15" value="${UsersBean.idcard}"/>
111         </div>
```

图 7-18　添加用户动态信息功能代码片段 6

```
114         <label class="col-md-2 control-label">
115         <strong><font color="#FF0000">*</font></strong>角色</label>
116         <div class="col-md-2">
117             <select class="form-control" id="role_id" name="role_id">
118                 <option value="滤掉">请选择</option>
119                 <c:forEach var="R" items="${applicationScope.rolesBeanList}" varStatus="s">
120                     <c:choose>
121                         <c:when test="${R.roles_id==UsersBean.role_id}">
122                             <option value="${R.roles_id}" selected>${R.roletitle}</option>
123                         </c:when>
124                         <c:otherwise>
125                             <option value="${R.roles_id}">${R.roletitle}</option>
126                         </c:otherwise>
127                     </c:choose>
128                 </c:forEach>
129             </select>
130         </div>
```

图 7-19　添加用户动态信息功能代码片段 7

```
133         <label class="col-md-2 control-label">
134         <strong><font color="#FF0000">*</font></strong>用户名</label>
135         <div class="col-md-2">
136             <input type="text" id="username" name="username"
137             class="form-control" size="15" value="${UsersBean.username}"/>
138         </div>
```

图 7-20　添加用户动态信息功能代码片段 8

项目七　用户功能完整实现

```
141  <label class="col-md-2 control-label">
142  <strong><font color="#FF0000">*</font></strong>状态</label>
143  <div class="col-md-2">
144      <c:choose>
145          <c:when test="${UsersBean.status=='在职'}">
146              <label class="radio-inline">
147                  <input type="radio" class="uniform" name="status" value="在职" checked>在职
148              </label>
149              <label class="radio-inline">
150                  <input type="radio" class="uniform" name="status" value="离职">离职
151              </label>
152          </c:when>
153          <c:when test="${UsersBean.status=='离职'}">
154              <label class="radio-inline">
155                  <input type="radio" class="uniform" name="status" value="在职">在职
156              </label>
157              <label class="radio-inline">
158                  <input type="radio" class="uniform" name="status" value="离职" checked>离职
159              </label>
160          </c:when>
161          <c:otherwise>
162              <label class="radio-inline">
163                  <input type="radio" class="uniform" name="status" value="在职">在职
164              </label>
165              <label class="radio-inline">
166                  <input type="radio" class="uniform" name="status" value="离职">离职
167              </label>
168          </c:otherwise>
169      </c:choose>
170  </div>
```

图 7-21　添加用户动态信息功能代码片段 9

```
174  <div class="col-lg-12">
175      <button id="s" type="button" class="btn btn-primary start" ondblclick="javascript:void(0);">
176          <i class="fa fa-arrow-circle-o-up"></i>
177          <span>提交</span>
178      </button>
179      <button id="b" type="button" class="btn btn-warning cancel">
180          <i class="fa fa-ban"></i>
181          <span>返回</span>
182      </button>
183  </div>
184  </div>
```

图 7-22　添加用户动态信息功能代码片段 10

步骤 2：编写 AJAX 代码实现用户修改功能

（1）修改页面的 JS 代码，如图 7-23 所示。

（2）打开 AJAX 包中的 ValidateFoundation.java 文件，在 Validate 方法中添加无刷新验证代码，如图 7-24 所示。

（3）在 AJAX 验证用户名和身份证号码不重复的情况下，由 UserServlet.java 完成修改和跳转的工作，在 UserServlet.java 中添加代码，如图 7-25 和图 7-26 所示。

```javascript
209 <script language="javascript">
210 $(function(){
211     $("#s").click(function(){
212         if(checkFormForUpdate()==true){
213             ShowDiv('fade');//显示遮罩层
214             //合并users_id和idcard值生成变量idcardData
215             var idcardData=$("#users_id").val()+"|"+$("#idcard").val();
216             //合并users_id和username值生成变量usernameData
217             var usernameData=$("#users_id").val()+"|"+$("#username").val();
218             $.ajax({
219                 url:"ValidationServlet",
220                 type:"POST",
221                 data:{
222                     index:"104",
223                     returnFlag:"false",
224                     data:idcardData,
225                 },
226                 timeout:30000,
227                 success:function(data){
228                     data=data.replace("\r\n","");//去除返回数据的回车符号
229                     if(data=="true"){//身份证不冲突时继续验证用户名
230                         $.ajax({
231                             url:"ValidationServlet",
232                             type:"POST",
233                             data:{
234                                 index:"105",
235                                 returnFlag:"false",
236                                 data:usernameData,
237                             },
238                             timeout:30000,
239                             success:function(data){
240                                 data=data.replace("\r\n","");//去除返回数据的回车符号
241                                 if(data=="true"){
242                                     //身份证和用户名都不冲突的情况下提交用户修改信息
243                                     $("#form1").attr("action", "User?action=update").submit();
244                                 }else{
245                                     alert("用户名已存在!");
246                                     HideDiv('fade');//隐藏遮罩层
247                                 }
248                             },
249                             error:function(){
250                                 alert('ajax调用异常');
251                             }
252                         });
253                     }else{
254                         alert("身份证号码已存在!");
255                         HideDiv('fade');//隐藏遮罩层
256                         return false;
257                     }
258                 },
259                 error:function(){
260                     alert('ajax调用异常');
261                 }
262             });
263         }});
264     //返回用户查询页面,在用户信息查询模块中使用
265     $("#b").click(function(){
266         window.location.href='<%=basePath%>User?action=initquery';
267     });
268 });
269 </script>
```

图 7-23　修改页面的 JS 代码

```
77              case 104:
78                  //修改时身份证号码不重复,自己除外
79                  usersJdo=new UsersJDO();
80                  ub=new UsersBean();
81                  array=value.split("\\|");
82                  ub.setIdcard(array[1]);
83                  usersBeanList=usersJdo.finderEqual(ub);
84                  if(usersBeanList.size()>0){
85                      if(usersBeanList.get(0).getUsers_id().equals(array[0])) isValid=true;
86                      else isValid=false;
87                  }else isValid=true;
88                  break;
89              case 105:
90                  //修改时用户名不重复,自己除外
91                  usersJdo=new UsersJDO();
92                  ub=new UsersBean();
93                  array=value.split("\\|");
94                  ub.setUsername(array[1]);
95                  usersBeanList=usersJdo.finderEqual(ub);
96                  if(usersBeanList.size()>0){
97                      if(usersBeanList.get(0).getUsers_id().equals(array[0])) isValid=true;
98                      else isValid=false;
99                  }else isValid=true;
100                 break;
```

图 7-24　无刷新验证代码

```
128  private void doInitUpdate(UsersJDO usersJdo,
129      HttpServletRequest request,
130      HttpServletResponse response)
131      throws ServletException, IOException {
132      UsersBean usersBean=usersJdo.findByKey(request.getParameter("users_id"));
133      String birth="";
134      if(usersBean.getBirthday()!=null){
135          SimpleDateFormat sdf=new SimpleDateFormat("yyyy-MM-dd");
136          birth=sdf.format(usersBean.getBirthday());
137      }
138      request.setAttribute("UsersBean", usersBean);
139      request.setAttribute("birth", birth);
140      request.getRequestDispatcher("/mvc/users/UsersUpdate.jsp").forward(request,response);
141  }
142  private void doUpdate(UsersJDO usersJdo,
143      HttpServletRequest request,
144      HttpServletResponse response)
145      throws ServletException, IOException {
146      UsersBean ub=usersJdo.findByKey(request.getParameter("users_id"));
147      String name=new String(request.getParameter("name").getBytes("iso-8859-1"), "utf-8");
148      //中文传递乱码处理
149      String gender=new String(request.getParameter("gender").getBytes("iso-8859-1"), "utf-8");
150      Date birth=null;
151      String birthday=request.getParameter("birthday");
152      if(birthday.length()>0){
153          try {
154              SimpleDateFormat sdf=new SimpleDateFormat("yyyy-MM-dd");
155              birth=new Date(sdf.parse(birthday).getTime());
156          } catch (ParseException e) {
157              e.printStackTrace();
158          }
159      }
160      String mobile=request.getParameter("mobile");
161      String idcard=request.getParameter("idcard");
162      String role_id=request.getParameter("role_id");
163      String username=request.getParameter("username");
164      //中文传递乱码处理
165      String status=new String(request.getParameter("status").getBytes("iso-8859-1"), "utf-8");
166      ub.setName(name);
167      ub.setGender(gender);
168      ub.setBirthday(birth);
169      ub.setMobile(mobile);
170      ub.setIdcard(idcard);
171      ub.setRole_id(role_id);
172      ub.setUsername(username);
173      ub.setStatus(status);
174      usersJdo.update(ub);
175      doInitQuery(usersJdo,request,response);
176  }
```

图 7-25　UserServlet.java 完成用户修改和跳转的代码片段 1

```
private void doProcess(HttpServletRequest request, HttpServletResponse response)
    throws ServletException, IOException {
    String action=request.getParameter("action");
    UsersJDO usersJdo=new UsersJDO();
    //初始化页面查询无条件
    if(action.equals("initquery")) doInitQuery(usersJdo,request,response);
    //查询条件
    if(action.equals("query")) doQuery(usersJdo,request,response);
    //新建人员初始化页面
    if(action.equals("initCreate"))
        request.getRequestDispatcher("/mvc/users/UsersCreate.jsp").forward(request,response);
    //新建人员
    if(action.equals("create")) doCreate(usersJdo,request,response);
    //修改人员初始化页面
    if(action.equals("initUpdate")) doInitUpdate(usersJdo,request,response);
    //修改人员信息
    if(action.equals("update")) doUpdate(usersJdo,request,response);
    //删除单个人员
    if(action.equals("delete")) doDelete(usersJdo,request,response);
    //删除多个人员
    if(action.equals("deleteSelected")) doDeleteSelected(usersJdo,request,response);
}
```

图 7-26　UserServlet.java 完成用户修改和跳转的代码片段 2

任务 4　实现密码重置页面的用户功能

学习导入

在项目六任务 4 的基础上，通过 JSTL、JS 和 Servlet 技术实现密码重置页面的用户功能。

操作技能

步骤 1：编写 JSTL 代码实现 HTML 控件的动态处理

在完成项目六任务 4 的基础上，同样要为 HTML 控件添加 ID 属性，为后面 JS 脚本获取 HTML 控件做好准备，并添加 JSTL 标签。可以调用 Java 后端与前端页面传递数据的接口，让 HTML 控件要展示的信息动起来。

打开 UsersPWDUpdate.jsp，修改 HTML 控件，如图 7-27 和图 7-28 中画线部分所示。

```
54  			<label class="col-md-2 control-label">
55  				<strong><font color="#FF0000">*</font></strong>用户名</label>
56  			<div class="col-md-2">
57  				<input type="text" id="username" name="username"
58  					class="form-control" size="15" value="${UsersBean.name}" disabled/>
59  			</div>
```

图 7-27 UsersPWDUpdate.jsp 修改 HTML 控件的代码片段 1

```
77  		<div class="col-lg-12">
78  			<button id="s" type="button" class="btn btn-primary start" ondblclick="javascript:void(0);">
79  				<i class="fa fa-arrow-circle-o-up"></i>
80  				<span>提交</span>
81  			</button>
82  			<button id="b" type="button" class="btn btn-warning cancel">
83  				<i class="fa fa-ban"></i>
84  				<span>返回</span>
85  			</button>
86  		</div>
```

图 7-28 UsersPWDUpdate.jsp 修改 HTML 控件的代码片段 2

步骤 2：编写 JS 代码实现验证密码重置和密码修改的功能

具体代码如下：

```
111 <script language="javascript">
112 $(function(){
113 	$("#s").click(function(){
114 		if(checkFormForPWDUpdate()==true){
115 			$("#form1").attr("action", "User?action=updatePWD").submit();
116 		}
117 	});
118 
119 	$("#b").click(function(){
120 		window.location.href='<%=basePath%>User?action=initquery';
121 	});
122 });
123 </script>
```

步骤 3：修改 UserServlet.java 实现逻辑处理以及密码重置后的页面跳转

具体代码如下：

```
177 private void doProcess(HttpServletRequest request, HttpServletResponse response)
178 		throws ServletException, IOException {
179 	String action=request.getParameter("action");
180 	UsersJDO usersJdo=new UsersJDO();
181 	//初始化页面查询无条件
182 	if(action.equals("initquery")) doInitQuery(usersJdo,request,response);
183 	//查询条件
184 	if(action.equals("query")) doQuery(usersJdo,request,response);
185 	//新建人员初始化页面
186 	if(action.equals("initCreate"))
187 		request.getRequestDispatcher("/mvc/users/UsersCreate.jsp").forward(request,response);
188 	//新建人员
189 	if(action.equals("create")) doCreate(usersJdo,request,response);
190 	//修改人员初始化页面
191 	if(action.equals("initUpdate")) doInitUpdate(usersJdo,request,response);
192 	//修改人员信息
```

```
193       if(action.equals("update")) doUpdate(usersJdo,request,response);
194     //修改人员密码
195     if(action.equals("initUpdatePWD")){
196         UsersBean usersBean=usersJdo.findByKey(request.getParameter("users_id"));
197         request.setAttribute("UsersBean", usersBean);
198         request.getRequestDispatcher("/mvc/users/UsersPWDUpdate.jsp").forward(request,response);
199     }
200     if(action.equals("updatePWD")){
201         UsersBean usersBean=usersJdo.findByKey(request.getParameter("users_id"));
202         usersBean.setPwd(request.getParameter("pwd"));
203         usersJdo.update(usersBean);
204         doInitQuery(usersJdo,request,response);
205     }
206     //删除单个人员
207     if(action.equals("delete")) doDelete(usersJdo,request,response);
208     //删除多个人员
209     if(action.equals("deleteSelected")) doDeleteSelected(usersJdo,request,response);
210 }
```

练习与检测

部署发布系统并登录某一账户后测试密码重置功能。

项目八　用户功能测试

学习目标

- ◆ 了解测试计划
- ◆ 掌握界面的测试方法
- ◆ 能够应用黑盒测试技术

任务 1　测试查询功能

学习导入

在项目七任务 1 的基础上，按测试计划采用黑盒测试技术完成查询功能的测试。

知识准备

1. 测试计划的概念

测试计划是指描述测试活动的范围、方法、资源和进度的文档。测试计划包括对整个信息系统应用软件进行组装测试和确认测试的计划。测试计划要确定测试项目、被测特性、测试任务、测试执行者、测试风险等。测试计划可以有效预防测试风险，保障测试的顺利实施。

2. 测试计划的制订

（1）为测试项目的实施建立一个组织模型，并定义测试项目中每个角色的责任和工作内容。

（2）开发有效的测试模型，以正确地测试正在开发的软件系统。

（3）确定测试所需要的时间和资源，以保证计划的有效性。

（4）确定每个测试阶段要实现的目标、测试任务结束和成功的标准。

（5）识别出测试活动中的各种风险，并消除可能存在的风险，降低风险所带来的损失。

3. 测试计划的作用

测试计划的作用通常分内部作用和外部作用。

（1）内部作用

1）存储测试计划的结果，提供给相关人员和开发人员进行评审。

2）存储测试计划执行的细节，提供给其他测试人员进行同行评审。

3）存储测试计划进度表、测试环境等信息，积累开发与测试经验。

（2）外部作用。测试计划的外部作用是指为用户提供有关测试过程、资源、工具等的信息，提升用户对软件系统的信心。

操作技能

步骤 1：登录系统

输入登录账户所需要的信息，如图 8-1 所示。

图 8-1　数据库中 admin 的账户信息

步骤 2：进入用户查询页面

单击"用户管理"按钮，进入用户查询页面，如图 8-2 所示。

步骤 3：选择性别为"男"进行查询

在性别单选框中选择"男"，单击"查询"按钮，如图 8-3 所示。

图 8-2　用户查询页面

图 8-3　选择性别为"男"进行查询

步骤 4：选择角色为"管理员"进行查询

在角色下拉框中选择"管理员"，单击"查询"按钮，如图 8-4 所示。

商务软件开发

图 8-4 选择角色为"管理员"进行查询

步骤 5：清除查询条件

单击"重置"按钮，清除查询条件。

步骤 6：选择状态为"离职"进行查询

在状态单选框中选择"离职"的状态，单击"查询"按钮，如图 8-5 所示。

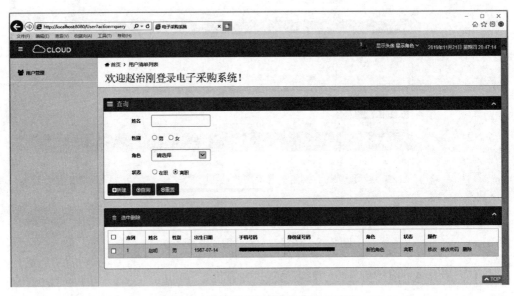

图 8-5 选择状态为"离职"进行查询

任务2 测试新建功能

学习导入

在项目七任务 2 的基础上，按测试计划采用黑盒测试技术完成新建功能的测试。

知识准备

黑盒测试又称数据驱动测试，或基于需求规格说明书的功能测试。该类测试注重测试软件的功能性需求。

采用这种测试方法时，测试工程师把测试对象看作一个"黑盒子"，完全不考虑程序内部的逻辑结构和内部特性，依据需求规格说明书检查程序的功能是否符合其功能说明即可。测试工程师无须了解程序代码的内部结构，完全模拟软件产品的最终用户对该软件进行使用，以检查软件产品是否达到了用户的需求。黑盒测试方法能更好、更真实地从用户角度来考察被测系统的功能性需求实现情况。在软件测试的各个阶段，如单元测试、集成测试、系统测试、验收测试等阶段中，黑盒测试都发挥着重要作用。

黑盒测试是注重软件功能需求的测试，是在程序接口上进行的测试。黑盒测试主要用于发现以下错误：是否有功能错误，是否有功能遗漏；是否能够正确地接收输入数据并产生正确的输出结果；是否有数据结构错误或外部信息访问错误；是否有程序初始化和终止方面的错误。

操作技能

步骤1：进入新建用户页面

单击"新建"按钮，用户新建页面如图8-6所示。

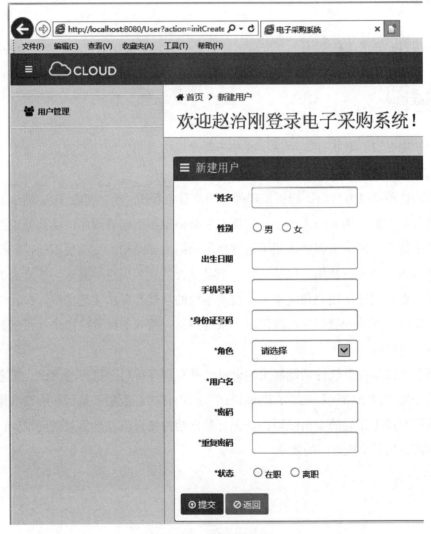

图8-6　用户新建页面

步骤 2：输入用户信息

输入用户相关信息时，注意带有 * 的信息必须输入，且不能与数据库中已有信息重复，否则会报错，如图 8-7 和图 8-8 所示。

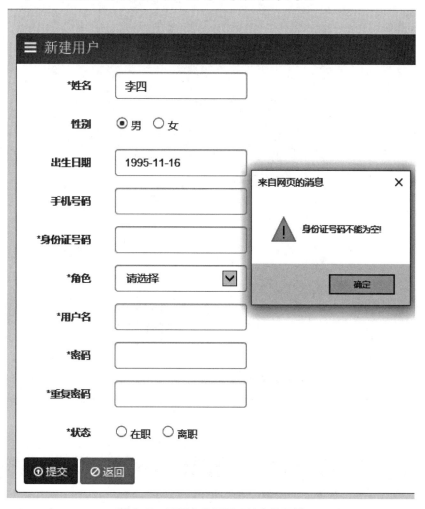

图 8-7　遗漏身份证号码信息的报错

步骤 3：提交用户信息

输入符合要求的用户信息后单击"提交"按钮。将查询页面的新增信息与数据库进行对比，如图 8-9 所示。

商务软件开发

图 8-8 身份证号码已存在的报错

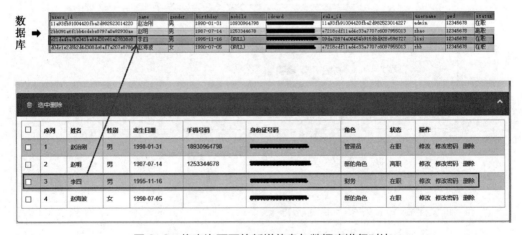

图 8-9 将查询页面的新增信息与数据库进行对比

任务 3 测试修改功能

学习导入

在项目七任务 3 的基础上，按测试计划采用黑盒测试技术完成修改功能的测试。

操作技能

步骤 1：进入用户资料修改页面

单击"我的资料"（见图 8-10），进入资料修改页面。

图 8-10 单击"我的资料"

步骤 2：查看所有用户的信息

单击"用户管理"，查看所有用户的信息，如图 8-11 所示。

步骤 3：修改用户信息

选择某条用户信息后，单击操作项中的"修改"（见图 8-12），进入该用户的修改信息页面，如图 8-13 所示；任选用户信息进行修改。注意，如果将身份证号码改为数据库中已有的其他用户的身份证号码并提交，也会出现报错提示。

商务软件开发

图 8-11　查看所有用户的信息

图 8-12　单击操作项中的"修改"

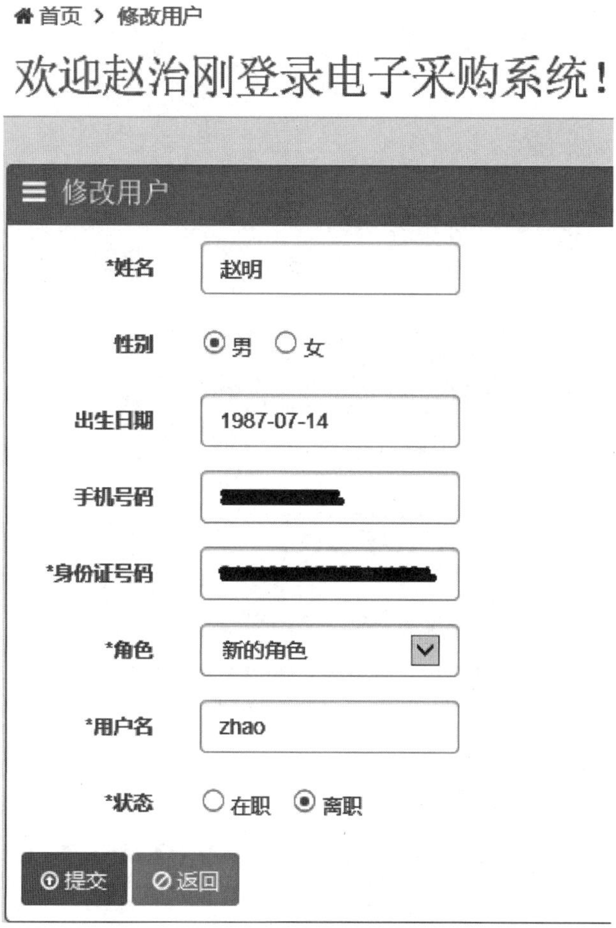

☗ 首页 > 修改用户

欢迎赵治刚登录电子采购系统！

≡ 修改用户

- *姓名：赵明
- 性别：⦿ 男　○ 女
- 出生日期：1987-07-14
- 手机号码：■■■■■■
- *身份证号码：■■■■■■■■■■
- *角色：新的角色
- *用户名：zhao
- *状态：○ 在职　⦿ 离职

⊕ 提交　⊘ 返回

图 8-13　修改用户信息页面

步骤 4：提交修改结果并查看

修改完毕，单击"提交"按钮，使用查询功能查看修改的结果。

任务 4　测试密码重置功能

学习导入

在项目七任务 4 的基础上，按测试计划采用黑盒测试技术完成密码重置功能的测试。

操作技能

步骤 1：进入用户密码修改页面

单击"密码修改"（见图 8-14），进入用户密码修改页面，如图 8-15 所示。

图 8-14　单击"密码修改"

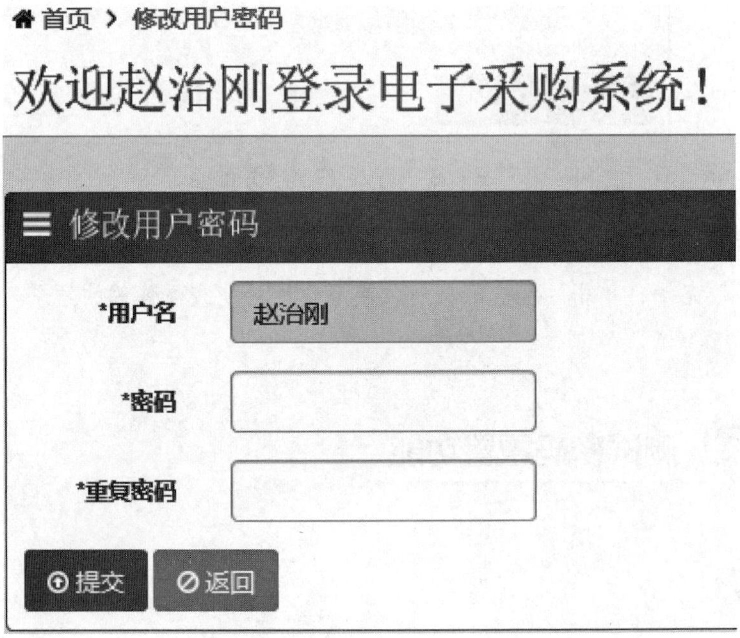

图 8-15　进入用户密码修改页面

步骤 2：尝试修改用户名

尝试修改用户名，会发现用户名只读不能修改，如图 8-16 所示。

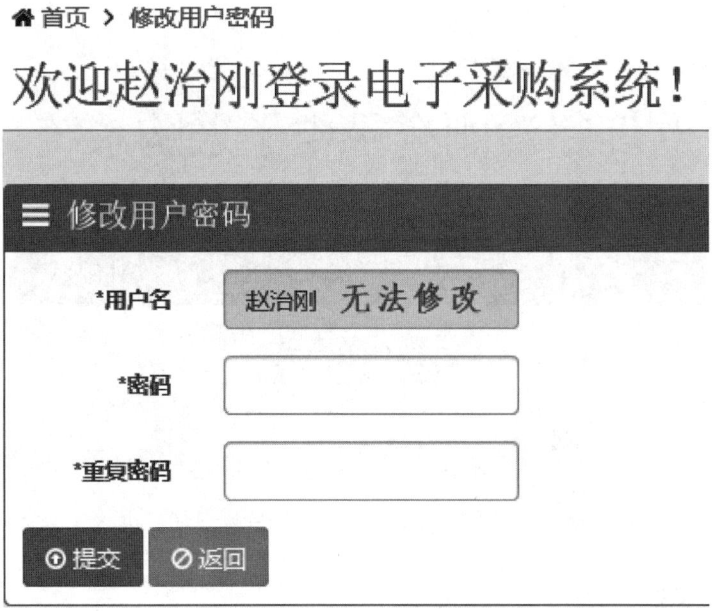

图 8-16　无法修改用户名

步骤 3：尝试不设置任何密码提交

尝试不设置任何密码提交，会有报错提示，如图 8-17 所示。

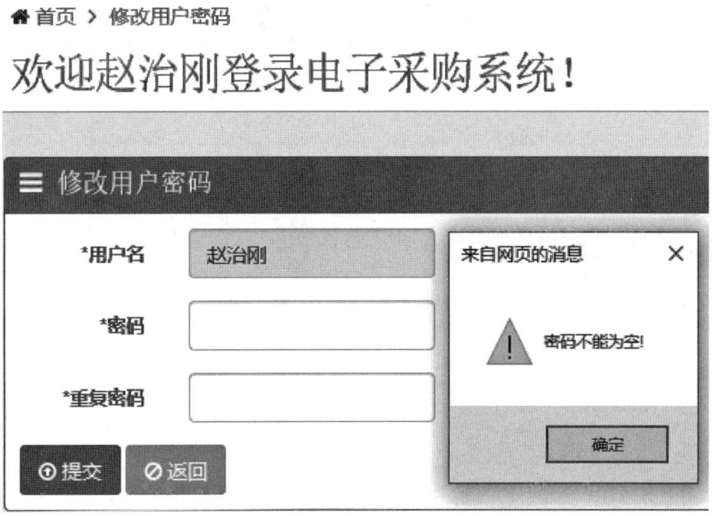

图 8-17　不设置任何密码提交

步骤 4：设置新密码并查看

设置有效的新密码并重复密码，如图 8-18 所示，单击"提交"按钮。查看提交的新密码，如图 8-19 所示。

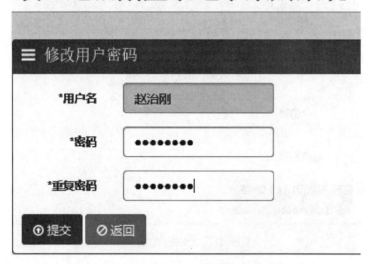

图 8-18　设置有效的新密码并重复密码

图 8-19　查看提交的新密码

测试删除功能

学习导入

在项目七任务 1 的基础上，按测试计划采用黑盒测试技术完成删除、批量删除功能的测试。

项目八　用户功能测试

步骤1：删除单条记录

单击"我的资料"→"用户管理"，选择某条记录后单击操作项中的"删除"，在弹出的消息框中单击"确定"按钮，如图8-20所示，则该条记录被删除，如图8-21所示。如果在刚才弹出的消息框中单击"取消"按钮，则该条记录不会被删除。

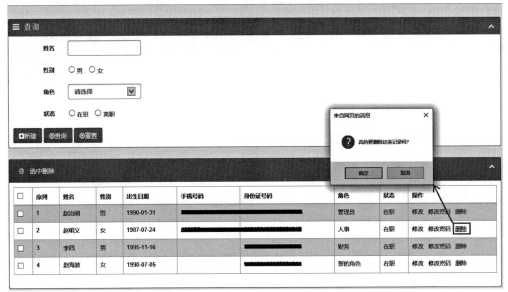

图8-20　确定删除该记录

步骤2：用复选框选择、取消选择全部记录

单击序列前的全部选中复选框，如图8-22所示，所有记录被勾选。

商务软件开发

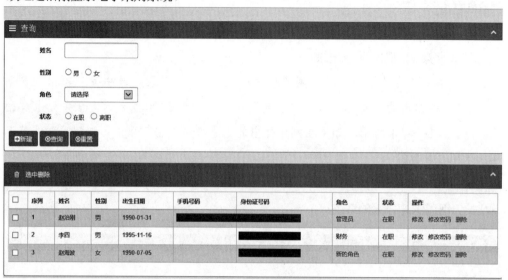

图 8-21　记录已被删除

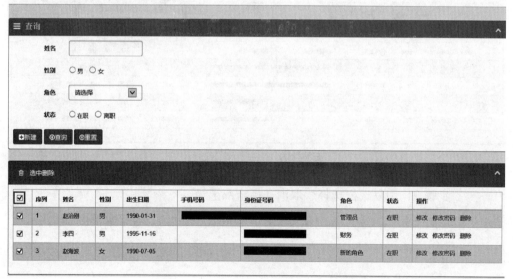

图 8-22　点击序列前的全部选中复选框

再次单击全部选中复选框，取消所有记录的勾选状态，如图 8-23 所示。

项目八 用户功能测试

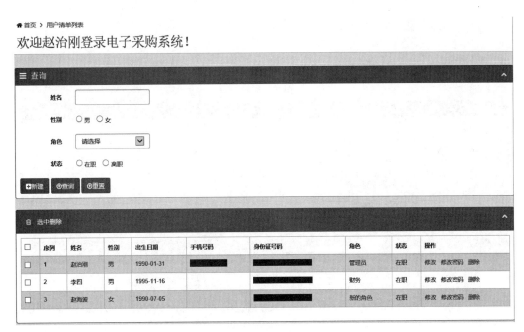

图 8-23 再次点击全部选中复选框

步骤 3：删除多条记录

任意勾选几条记录，如图 8-24 所示。

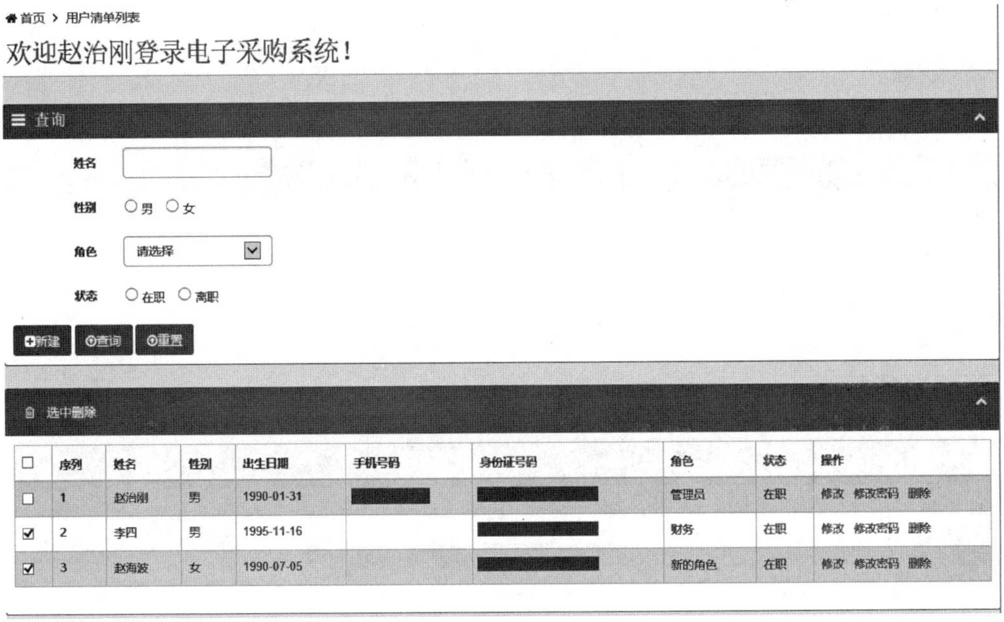

图 8-24 任意勾选几条记录

单击"选中删除"按钮，如图 8-25 所示。

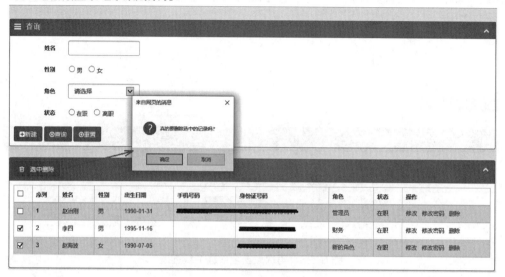

图 8-25　单击"选中删除"按钮

在弹出的消息框中选择"确定"按钮，刚刚选中的记录就被删除了，如图 8-26 所示。

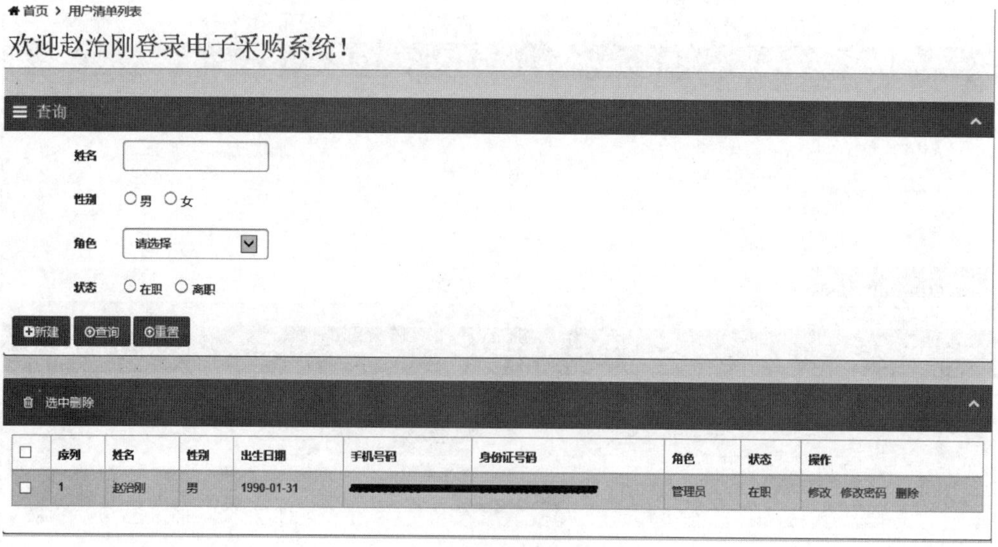

图 8-26　选中的记录被删除

练习与检测

1. 新建一个用户，并将用户状态设置为"在职"。
2. 使用该新用户账号登录系统。
3. 修改该新用户的基本信息。
4. 重置该新用户的密码。
5. 用重置的密码重新登录系统。
6. 将该新用户的状态改为离职，并尝试再次登录系统（因状态为离职，应无法登录系统）。